U0247890

站在巨人的肩上

Standing on Shoulders of Giants

TURING

图灵教育

iTuring.cn

站在巨人的肩上

Standing on Shoulders of Giants

TURING

图灵教育

iTuring.cn

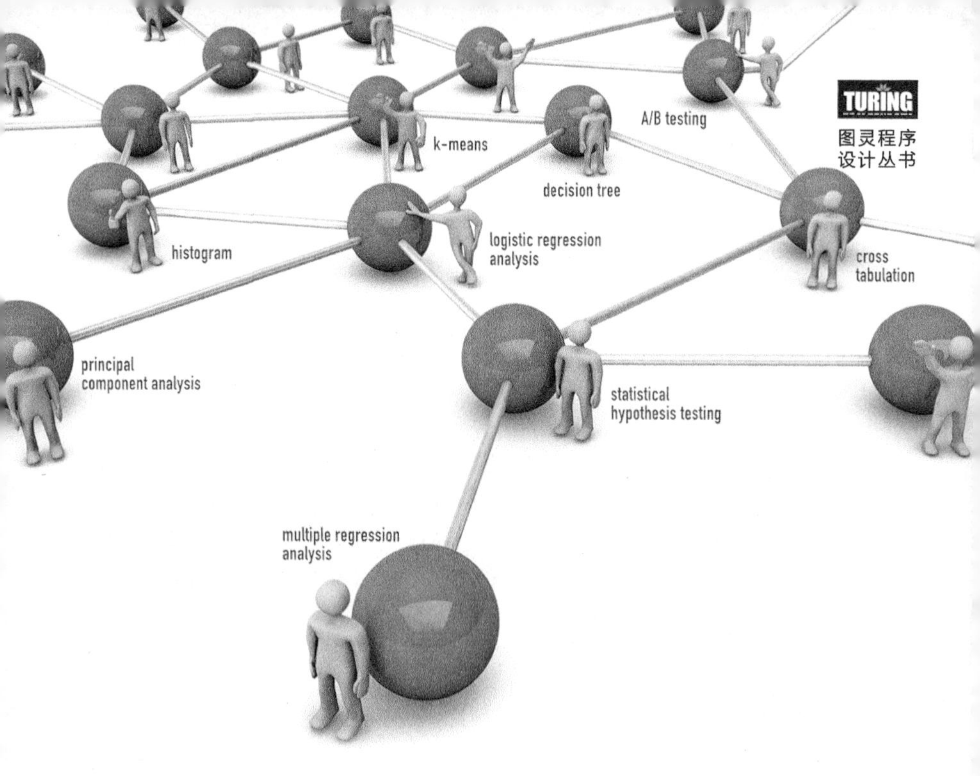

数据分析实战

[日] 酒卷隆治 里洋平 / 著 肖峰 / 译

人 民 邮 电 出 版 社
北 京

图书在版编目(CIP)数据

数据分析实战 /(日)酒卷隆治,(日)里洋平著;肖峰译. -- 北京:人民邮电出版社,2017.6(2018.7重印)
(图灵程序设计丛书)
ISBN 978-7-115-45453-9

Ⅰ.①数… Ⅱ.①酒… ②里… ③肖… Ⅲ.①数据处理-研究 Ⅳ.①TP274

中国版本图书馆CIP数据核字(2017)第083684号

内 容 提 要

本书由实战经验丰富的两位数据分析师执笔,首先介绍了商业领域里通用的数据分析框架,然后根据该框架,结合8个真实的案例,详细解说了通过数据分析解决各种商业问题的流程,让读者在解决问题的过程中学习各种数据分析方法,包括柱状图、交叉列表统计、A/B测试、多元回归分析、逻辑回归分析、主成分分析、聚类、决策树分析、机器学习等。特别是书中使用的数据都是未经清洗的原始数据,能够让读者了解真实的数据分析流程,避免纸上谈兵。

本书适合各大公司的算法工程师、数据分析师、数据挖掘工程师以及今后立志从事相关工作的高校学生阅读。

◆ 著　　　[日]酒卷隆治　里洋平
　译　　　肖　峰
　责任编辑　杜晓静
　执行编辑　刘香娣
　责任印制　彭志环

◆ 人民邮电出版社出版发行　　北京市丰台区成寿寺路11号
　邮编　100164　　电子邮件　315@ptpress.com.cn
　网址　http://www.ptpress.com.cn
　北京九州迅驰传媒文化有限公司印刷

◆ 开本:880×1230　1/32
　印张:8.375
　字数:258千字　　　　2017年6月第1版
　印数:4 301 – 4 600 册　　2018年7月北京第5次印刷

著作权合同登记号　图字:01-2015-6982号

定价:45.00元

读者服务热线:(010)51095186转600　印装质量热线:(010)81055316

反盗版热线:(010)81055315

广告经营许可证:京东工商广登字20170147号

译者序

伴随着互联网的高速发展和以云计算为代表的技术创新，过去难以收集和存储的大量数据得以集中管理和使用，大数据时代已经来临。然而，如何发掘大数据这座金矿，使之在商业领域体现其最终价值，这属于数据科学（Data Science）的范畴，也是数据科学家（Data Scientist）的工作职责所在。

要想成为一名合格的数据科学家，不仅需要拥有深厚的统计学等理论基础，更需要有较强的业务能力、对数据的敏感性以及处理实际商业数据的经验。对于这一点我深有体会。在日本留学期间我有幸进入乐天技术研究所（Rakuten Institute of Technology），这也是我第一次接触到生产环境下的数据。然而在面对公司实际问题时，我拿着海量的各种日志数据却经常有种不知从何下手的感觉。

这是因为现实中我们需要面对的不再是抽象的理论，而是真实的生产环境下的问题，并且生产环境下的数据噪声远比实验室中使用的数据要高。面对这些问题，作者在本书中给出了很好的答案，在理论与实际之间搭建了一座桥梁。本书没有教条似的说教，而是使用某个游戏公司实际工作中所遇到的问题作为案例，让读者在解决具体问题的过程中理解数据分析的整个流程。特别是当涉及逻辑回归、聚类、主成分分析等理论性较强的内容时，本书没有使用大篇幅的理论解释和数学推导，而是在实践过程中对各类机器学习算法进行详尽而又通俗易懂的介绍。更难能可贵的是，为了使得本书的内容更贴近生产实践，书中使用的各种案例的数据均为未经清洗的原始日志数据，这使得读者可以接触到实际生产环境下的数据，从而避免了纸上谈兵。

本书适合各大公司的数据分析师、算法工程师、数据挖掘工程师以及今后立志从事数据分析和数据挖掘工作的高校学生阅读。

在翻译本书的过程中，非常感谢图灵公司的各位编辑所给予的帮助。同时也感谢我的妻子李春姬在怀孕期间对我工作的默默支持，感谢我的儿子明诚一直很乖地陪伴。希望本书能够对读者在实际数据分析工作中有所帮助。

肖峰

2016 年 12 月于北京

前 言

如果你每天都在和数据分析业务打交道，那么很可能经常听到下述说法。

A. 在数据收集和分析上投入了巨大的成本，然而效果和预期相距甚远。
B. 从数据分析部门拿到了详细的报告，然而内容却非常晦涩难懂。
C. 数据大致都有了，然而因为工作很忙，没能很好地进行分析利用。
D. 数据全部都保存了下来，但是却不知道如何才能很好地利用这些数据。
E. 虽然每天都会检查和核对重要的数据，但对于如何利用这些数据来指导手头的工作，却还不是很清楚。
F. 我们靠的是相关负责人的业务经验，这个比数据更加可靠。
G. 数据？分析？还是算了吧，先把自己能力范围内的事情做好再说。

数据分析在很多情况下对提升工作效率很有帮助。根据我们的亲身经验，在各行各业的不同领域，尽管数据分析所起的效果大小可能有差异，但确实有着非常多的成功案例。然而，正如上述各种说法所反映的那样，实际上在企业内部的各个部门里，还有很多数据分析的问题没有解决。

站在分析者的角度来看，关于上述各种说法所产生的背景，可以大体总结出以下几点。

A′. 数据分析，特别是机器学习等，被误认为是一种普通人无法理解的魔法一样的东西。
B′. 数据分析只是在利用复杂的数值分析来对实际现象做出解释。
C′. 数据是保存了下来，但数据分析还需要时间和人力等。
D′. 数据是保存了下来，但是却不知如何来做数据分析。
E′. 虽然通过营业额等重要的数据能够把握经营的现状，然而这些数据对于今后的经营策略有何指导作用，却不甚明了。

F′. 不知道数据分析和业务经验其实可以优势互补，并产生协同效应。

G′. 即便是在那些只需要一味蛮干的工作中，如果同时使用数据分析的手法，也可以有效地提高工作质量。然而很多人却不知道这一点。

一般来说，为了成功地完成某件事，我们需要经历“知道、理解、掌握、精通”这几个阶段。要想从一个阶段迈入下一个阶段，就必须跨越阶段间的巨大障碍。从上述各种问题来看，虽然“不知道、无法理解、无法掌握、无法精通”这些阶段各有不同，但问题都可以归结到同一点，那就是不了解数据分析在商业领域是完全可以获得成功的。

也就是说，我们或许可以将上述这些问题的原因归结为信息匮乏。

正因如此，我们希望通过本书向读者展示商业活动中数据分析的一些经典案例，通过这些案例来向读者揭示数据分析的作用。本书的读者对象主要有：

- **关注商业数据分析的人**
- **在实际工作中从事商业数据分析的人**

所谓关注商业数据分析的人，是指将来打算从事数据分析工作的学生，或者工作没多久的商业人士，以及想把数据分析作为自身技能之一的商业精英，还有正在筹划设立数据分析部门的公司经营管理层。

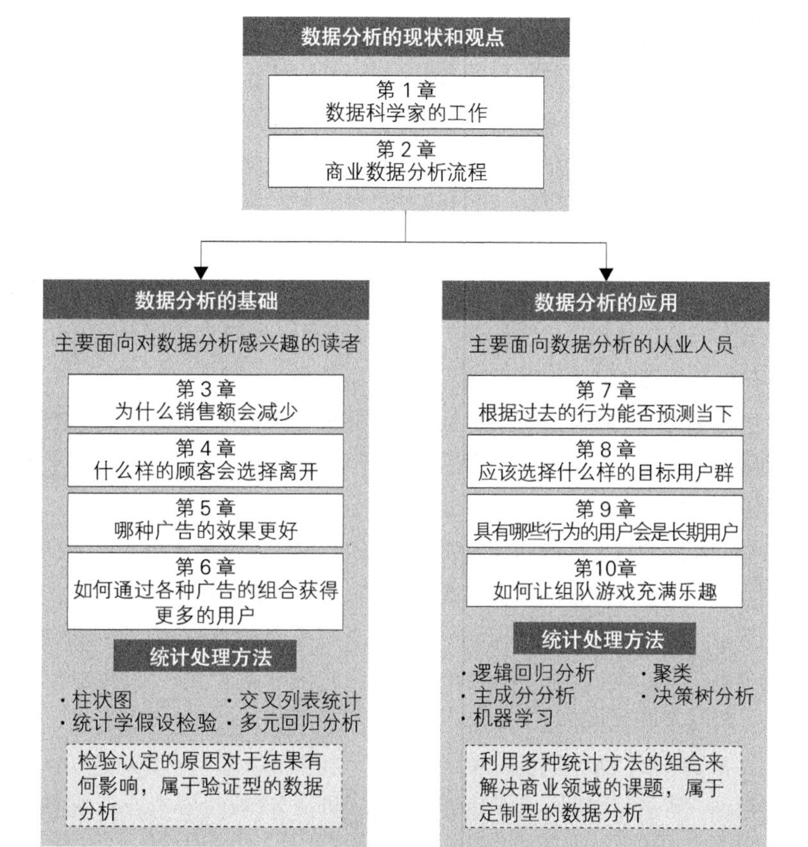

本书的结构和目标读者

第 1 章主要介绍从事商业数据分析的数据科学家的现实情况。第 2 章主要介绍在商业领域里通用的数据分析框架。

从第 3 章开始，基本上就是根据第 2 章提到的数据分析框架来介绍具体的数据分析案例。第 3 章到第 6 章主要介绍数据分析的基础。因为这部分是基础的东西，所以在商业环境下很少有机会用到，但本书会尽可能地将基础知识和实际业务相结合，对商业数据分析相关的观点和实际的业务进行充分说明。

从第 7 章到第 10 章的后半部分是具体案例分析，这部分内容是笔者参考了实际从事商业数据分析的同行的工作而写成的。在应用篇中，我们将介绍更加高级的方法，比如将多种方法组合，或者比较几种方法中哪种更有效等。此处介绍的数据分析的应用案例主要针对在社交游戏产业或IT以及其他行业从事数据分析业务的人员，这些行业的数据分析人员很多时候都可以将案例中介绍的方法直接应用在工作中。对于其他行业的分析人员，也希望他们能够参考这些应用案例，灵活应用在自己的工作环境中，并提出新的分析观点。另外，本书的创新之处在于，从实际进行的数据分析案例中挑选了4个来介绍，这些案例中所进行的数据分析是其他同类数据分析图书中不曾有过的。

本书提供了各章中使用的数据，以及加工和分析数据时使用的R语言脚本代码[①]。读者可以一边阅读各种案例，一边从数据分析师的角度来体验实际的数据分析流程。在讲解数据分析的其他同类图书中，经常使用那些和书中内容高度相符的数据来分析，但大多数读者会发现在实际业务中使用书中的方法却很困难。而本书的各个案例提供的都是最原始的数据，这些数据都是没有经过处理、杂乱无章的，因此需要在使用前先处理一下。针对这些原始数据，如何灵活使用统计分析工具来进行处理，本书尽可能地给出了详细的解释。

希望本书能够对数据分析从业人员（数据科学家）在实际业务中应用数据分析起到帮助，同时也希望能够帮助读者深刻理解数据科学家的工作内容，并和他们一起更好地完成工作。

笔者

2014年5月

---

① 请至http://www.ituring.com.cn/book/1716下载本书中的数据和R脚本代码。

目录

[分析应用]篇

第1章

数据科学家的工作

市场营销的主要从业者并不是技术人员，所以很难立即找到合适的从业者。现在市场营销的工作主要由 3 种职业的人员相互协作来完成。

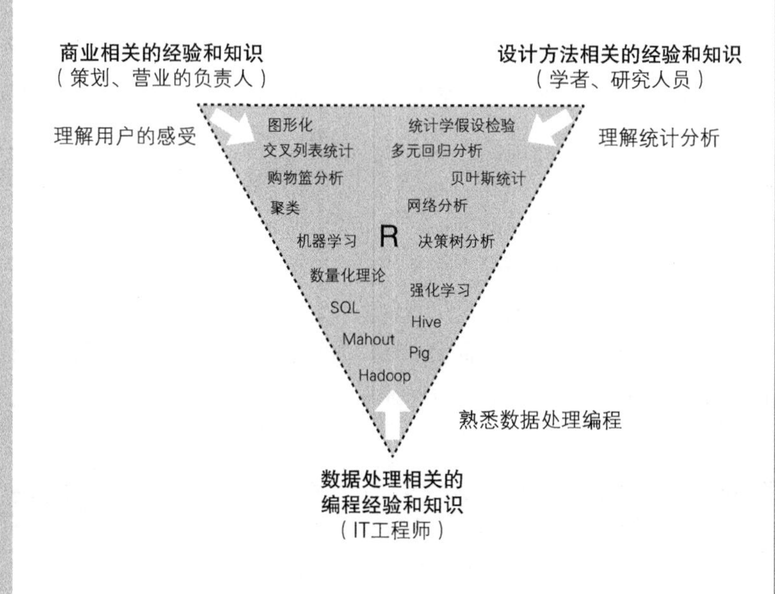

1.1 什么是数据科学家

什么是数据

首先我们需要回答的问题是：什么是数据？自古以来，人们通过观察客观现象，并对观测的数据进行分析，从而发现了各种各样的规律和法则。比如，开普勒根据天体观测的数据，发现行星是以太阳为中心沿着椭圆形轨道运行的。在统计学领域，棣莫弗通过对多种游戏的观测，提出了中心极限定理，而这个定理正是正态分布理论的核心。也就是说，如果我们把过去的某些事情记录下来，并由此推导出一些可能的规律，而这些规律又能够解释当前某些事情的前因后果，那么基于这样的过程，就可以根据现在的事情预测未来。也正是各领域内这样的规律不断被发现、考证和研究，才推动了科学的发展。而数据则是发现和验证这些规律的关键，是十分宝贵的材料。

数据在商业中的应用

近年来，随着网络或 POS（Point Of Sale，销售点）系统的快速发展，人的行为可以简单地作为数据存储起来，尤其是涉及购买行为的数据存储了特别多。如果我们能够从这些存储的数据中推导出与用户购买行为相关联的规则，那么这将会颠覆商业世界里一直以来所遵循的某类经验，而在这种科学的数据分析的指引下，将会打开新的商业局面。

话说回来，其实在日常生活中我们也经常使用数据分析。比如，大多数人都会定期去称体重。称重的时候，体重数值本身并没有多大意义，我们并不能说“50 kg 比较好”或者“体重到了 51 kg 就糟糕了”。也就是说，50 kg、51 kg 之类的体重数值并没有什么绝对的意义，而仅仅是身体重量的观测数据而已。然而根据这些观测数据，我们可以完成以下事情。

- ★**根据自己的性别、年龄、身高等其他数据，推断出理想的健康体重，并将其设定为目标值**
- ★**通过长期跟踪测量体重，得到体重随时间变化的观测数据，并将过去暴饮暴食等行为与体重的变化联系起来，从而反省自己的行为**
- ★**通过收集拥有理想身材的人的运动和饮食生活等方面的数据，效仿他们健康的生活方式**

很多人为了达到控制体重的目的，都会根据自己的体重观测数据，选择采取上述某种具体的行为。

在商业领域里也是一样。人们通常会通过观测数据来推测出某种因果关系，再用这种因果关系预测未来，或者控制原因以达到预期的结果。最近，越来越多的企业开始为这种工作增设一个专门的职位，招募被称为数据科学家的人才加入。

为什么需要数据科学家

在商业领域，从观测数据中推导出因果关系曾经是市场营销部的工作内容，并由专门的市场营销人员来承担此项工作。市场营销部的主要目的是“理解用户的需求，迎合用户的口味开展商业活动”。

具体来说，市场营销部的主要工作有分析各种销售额数据，分析对于广告和新产品认知度以及正在销售商品的满意度问卷调查，分析售后部门收到的用户咨询等，并以“理解用户的需求，迎合用户的口味”为原则，开展企业的市场营销活动。市场营销活动在各个领域都取得了一定的成果，市场营销部才有继续存在的价值。

然而，随着信息技术的发展，商业环境也在发生着变化，企业可以保存大量的商业日志。在商业活动中，通过尽早地对自身的细节问题进行反复修正来顺应用户需求的服务一直存在，于是就有人提出能否将这大量的日志应用于一直以来的市场营销活动中。也就是说，在分析过程中不仅要考虑到已有的市场营销数据，而且还要针对实时性较高的大量日志数据做出快速分析。

为了满足这种需求，就需要能够直接分析日志数据的人，也就是"会写代码的市场营销人员"。这类会写代码的市场营销人员现如今也被称为数据科学家。也就是说，为了应对近些年来商业环境的变化，在过去不曾有过的领域里产生了极大的可能性和值得关注的地方。然而，过去市场营销的主要从业者并不是技术人员，所以很难立即找到合适的从业者，现在这个工作主要由 3 种职业的人员相互协作来完成。

1.2 3种类型的数据科学家

商业领域出身的数据科学家

在过去，有一种职业路线是商业经验丰富的人加入市场营销活动的第一线。经营方面的老手根据经验就可以知道商品能卖得出去的关键因素是什么；而在生产一线有着丰富经验的人就能知道要生产满足用户需求的产品具体有多么困难。

这些长期和商业打交道的人的经验与数据分析并不是相对立的，如果能够深刻理解实践经验和数据分析这两者的作用，并使其相辅相成，将为商业活动作出很大贡献。例如，如果一个人既有数据科学家的素养，又有丰富的商业经验，那么仅凭一个销售数据就能猜测出这个数据背后的经济动向。也就是说，这种人能够根据以往的经验，推测出隐藏在数据背后的真实背景。比如，在销量减少时，能够想到原因可能是这个领域的市场在缩小，或者竞争对手公司变得强大了，或者其他公司推出了某种划时代的产品，而本公司因为技术的原因没有与之相匹敌的产品。

现在已经出现了这样来自商业领域的数据科学家。他们能够从实际的经验出发，对数据做出深刻的解读。同时他们也擅长找出关键的数据，来了解实际用户的需求。

统计学出身的数据科学家

熟悉统计学方法的人也经常参与到市场营销活动中来。这些人通常是计量经济学、遗传学、物理学、人工智能等学科的学者、学生或研究人员。他们平时在自己的专业研究中就十分擅长使用统计学方法。要想深刻地理解各种统计学方法，数学是主要的障碍。而要想用好统计学方法，又必须深刻地理解它们。所以要想学好统计学方法，就必须付出辛勤的努力。

在这方面有着丰富经验的人通常会从数据的状态等条件出发，根据自己的目的和想要得到的结果来确定数据分析的方法，具体如下所示。

◎为了进行市场分析，销售数据应该如何分段才合适

◎由于使用交叉列表的次数过多，应使用购物篮分析

◎空白的数据过多的情况下，应该先使用主成分分析

即可以根据数据的状态和处理的目的选择合适的统计方法。另外，在实际使用统计方法的过程中，还能够增加对数据分析局限性的了解，积累各统计方法的使用技巧方面的经验。

有着上述素养的人也很清楚如何加工数据以便顺利进行数据分析，以及如何根据数据的状态选取相应的统计方法。

工程领域出身的数据科学家

IT工程师也能够参与到市场营销活动中来。数据科学家的一大半工作都是数据的前期处理，也就是为了数据分析而做的数据整理工作。这一步通常会占用大量的时间，所以如果能够缩短这一步所消耗的时间，就可以提高数据分析的生产率。为了做好数据整理工作，需要能写出高质量的代码，而要想拥有这项技能就需要付出努力。

在这方面有着丰富经验的人都有较高的编程能力和深厚的计算机知识功底，他们能够判断出哪种计算机语言和系统架构更利于数据处理。比如，使用Hive来处理较大的销售额数据；因为每天的统计处理可能要花费几十分钟，所以事先统计好用于分析的中间数据；当数据无法全部读入内存时，先将数据切割成 100 份分别处理，最后再把结果统合起来。像这样，他们能够根据数据量的大小和处理所需的资源选择合适的机器语言和系统架构等。

这类有着工程师背景的分析人员非常擅长将复杂的数据整理得易于分析，且具备针对数据分析选择合适的处理语言和系统架构的能力。

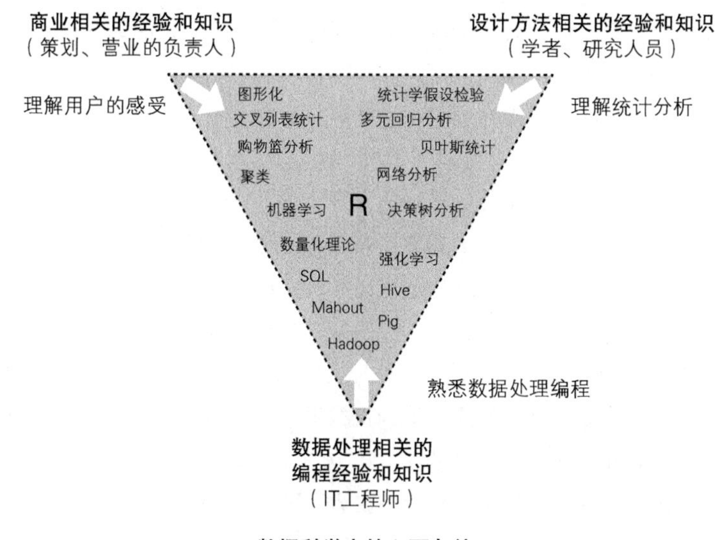

数据科学家的必要条件

1.3 数据科学家的现状

虽然有这样 3 类数据科学家，但现在看来很难说哪种类型的数据科学家从事数据分析更有优势，在对商业的理解、统计方法的理解，以及程序和系统的理解方面，他们各自都有不足的地方。为了弥补这些不足，他们也都在不断地自我完善和发展，通过优势互补来完成市场营销业务。

例如，和有着丰富商业经验的人交谈，可以确认对数据的解释是否合适，探讨是否还有其他的解释；和熟悉统计方法的人交谈，可以确认某些因果关系的正确性，探讨是否还有效率更高的机器学习方法可以利用；而和那些工程能力很强的人在一起，则可以确认现有的数据收集和加工方法是否有效，并探讨如何处理大数据。这样就能在工作中将这 3 个方面统合起来。在 100 人以下的机构里，这 3 种角色一般都是在同一个部门里相互协作。而如果是在 1000 人左右的机构里，则会分别成立 3 个部门来承担这 3 种工作，然后再在部门间开展协作。

无论读者是上述 3 种类型中的哪种，本书都能够帮助读者掌握相应的知识。熟悉商业领域的读者，可以从本书中学到统计学和实际的数据处理方面的知识；熟悉统计方法的读者，可以从本书中了解到数据分析的应用实例和数据处理方面的知识；而从事 IT 工程开发的读者，可以从本书中了解到数据分析的应用实例和统计学方面的知识。那些在今后自身的职业规划中将数据科学家之类的新领域也纳入考虑范围的人，即使现在并不属于这 3 种类型中的任何一种，也可以通过对本书中具体案例的学习，了解数据分析的实际情况。

第2章

商业数据分析流程

数据分析就是从现状出发，寻找一条可以达到预期的最短路径，在此过程中应着眼于找出主要的问题，然后根据下面的架构来解决这些问题。

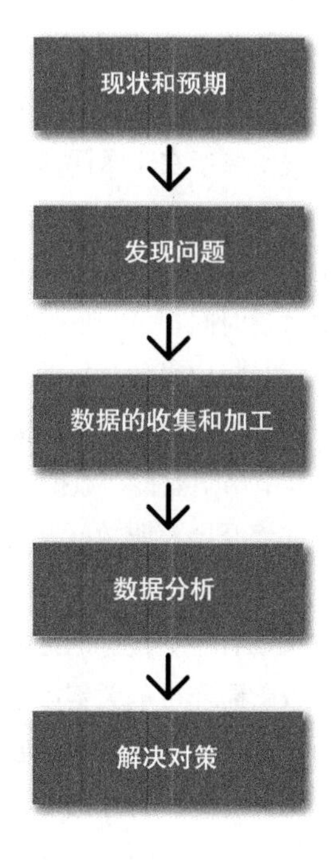

2.1 数据分析的5个流程

商业数据分析的目的，就是要用统计分析、机器学习、数据挖掘的各种方法来解决商业领域里的各种问题。这里需要注意的是，商业数据分析的最终目的是解决问题。

例如，你委托某家专业数据分析公司来帮你做数据分析，那么他们会提供大量很难懂的资料给你，而你最终得到的却是一些理所当然的结论。在把商业数据分析委托给曾经在学术圈活动的数据分析师或者不了解商业知识的外部组织时，这种情况经常发生。

总之，使用高度复杂的模型得到的高精度分析结果实际上不一定具有很高的价值。与其花费大量时间在复杂的建模上，不如使用简单的交叉列表（参考第 4 章）在短时间内得到分析结果，这在实际的商业环境下更有价值。针对要解决的问题，最重要的是数据分析师能够设计和实现相应的分析方法，一旦其中出了差错，数据分析就有可能失去价值。

那么，具体来说应该如何开展商业数据分析呢？虽然各种数据分析架构互有异同，但大体上来说都是按照下面的结构来进行的。

首先，需要对**现状和预期**有一个很好的把握。其次，弄清现状和预期之间的差距，并调查导致差距产生的关键因素，即**发现问题**。因为可能有多个这样的因素，所以要分别实施**数据的收集和加工**，并在此基础上进行**数据分析**。分析时需要对分析对象的结构进行分解，把握各个因素的影响力的大小并相互比较，从而确定导致差距产生的最关键因素。完成上述过程之后，在执行解决方案的过程中，还需要考虑人力成本和金钱成本，提出**解决对策**并推进。

总之，数据分析就是从现状出发，寻找一条可以达到预期的最短路径，在此过程中应着眼于找出主要的问题，然后根据下面的架构来解决这些问题。

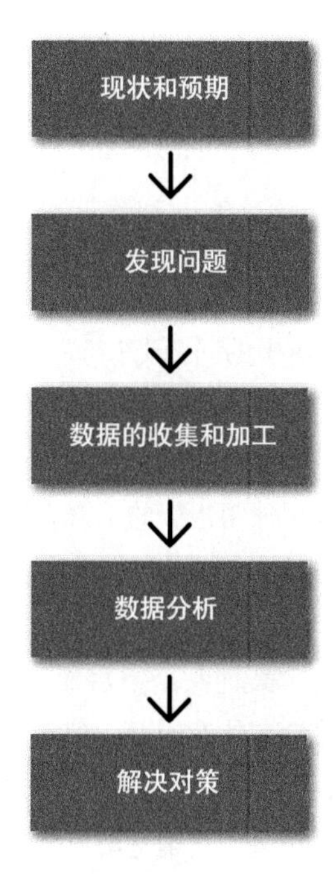

2.2 现状和预期

那么，什么是数据分析中的问题呢？

例如，我们来考虑“某种商品销售额下降”这种现象。虽然销售额是下降了，但是如果前提是这种商品并不是该公司的主打产品，并且最近很可能要下架了，那么这种销售额的下降并不是什么很大的问题。相反，如果这个商品的销售对该公司的收益有很大的影响，那么这就成问题了。

反之，我们再来考虑“某种商品销售额上升”的现象。一般看来，销售额上升的情况貌似并没有什么问题，但是如果前提是“实际上商品的销售额和花在该商品上的广告费不相称”，那么这里面就有问题了。

由此可见，所谓的“问题”其实是随着当时商业环境下产生的“预期”而变化的。也就是说，有了“原来的预期”和“现状”之间的差距，才会导致问题的出现。

2.3 发现问题

区别“现象”和“问题”

在数据分析中，需要明确地区分“现象”和需要解决的“问题”。

在商业活动中，“销售额下降”“顾客流失”等经常会被作为“问题”提出，然而如前所述，在数据分析活动中，这些只不过是“现象”而已。重要的是基于这些“现象”，策划人员、工程人员、服务人员等相关商业负责人认真地讨论并发现需要解决的问题（参照下表）。也就是说，上述相关负责人之间的协作对于有效的数据分析是必不可少的，而这种协作，在数据分析的过程中经常用“发现问题”来表示。

只有相关负责人都了解了“现状”和“预期”的情况，数据分析的准备工作才算完成。这样才可以通过数据分析来寻找造成“现状”和“预期”之间差距的原因。

现象	前提	预期	是否有问题
销售额下降	销售额比例低	维持现状	无
	销售额比例高	将销售额恢复到良好状态	有
销售额上升	广告费用高	降低广告费用	有
	广告费用适当	维持现状	无

牢记“预期”，并认识到“现状”与其之间的差距

怎样才能“发现问题”，也就是找出具体的问题点呢？“牢记没有问题的状态 = 预期”就是一种找出问题所在的有效方法。所有的当事人都应该去想着这种没有问题的状态，这是非常重要的。对数据分析来说，“销售额上升 / 下降”仅仅是一种现象。而通过思考“预期”，并理解“预期”和“现状”之间差距的构造，则有助于找出根本的问题。

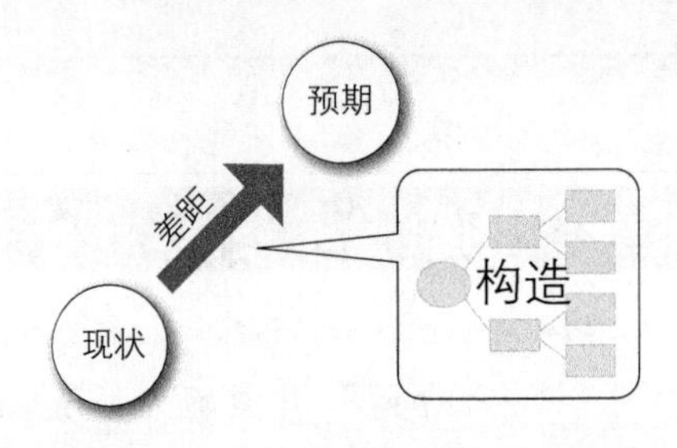

那么，如何理解“预期”和“现状”之间的差距呢？在使用数据分析的方法中，通常的处理手法是首先从下面的角度来观察数据。

1 观察数据的大小
2 将数据分解后观察
3 将数据比较后观察

进行数据分析时的观察角度

从3个角度来发现问题

■观察数据的大小

首先，针对“预期”和“现状”之间的差距，考虑有哪些因素可能会导致这种差距，并把握其中的多个关键因素的大小。这里所说的“大小”，指的是各因素对“现状”和“预期”之间的差距的影响程度。

这里举一个常见的关于数据分析的失败案例。

“假如我们对可能导致差距的其中一个因素进行了详细的数据分析，并讨论出了填补该差距的解决方案以及具体的解决措施。但是实际上，该因素对于原本的现象的影响程度非常小，这样一来，即使将解决措施付诸实施，也很难有什么效果。”

这个案例失败的原因在于“片面地断定差距的主要原因”。事前参与讨论的人数较少的情况下，往往通过讨论能够得到的可能存在的原因也很少。假设一个极端的情况，如果数据分析师只有一个人，那么失败的概率会大大增加。也就是说，如果不在尽量多的当事人和数据分析师之间达成对“预期”的共识，那么就越容易出现缺乏商业价值的分析结果。

所以首先我们需要对“预期”有一个好的理解，确认现在要进行分析的关键因素对于整体有多大的影响。根据确认的结果，如果该因素的影响较小，那么就可以判断出该处并不是本质性的问题，需要从其他的角度来寻找关键的因素。

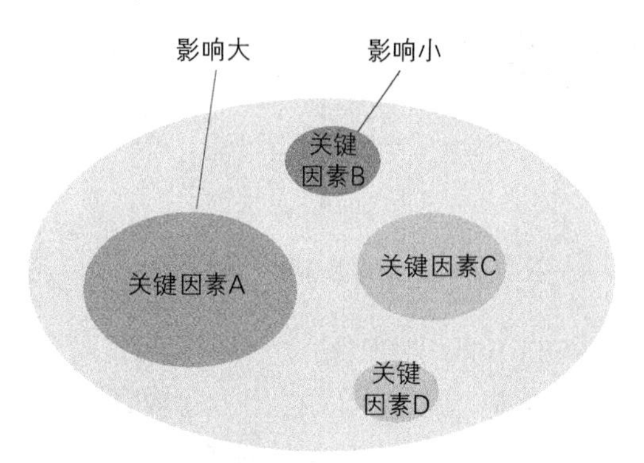

先估计各因素的影响程度

■将数据分解后观察

“将数据分解后观察”指的是从多种角度来观察所发生的现象，分解出构成这种现象的因素，并找出导致这种现象出现的原因。在分解的时候，必须要遵循 MECE 的原则。

MECE 是下面 4 个单词的首字母缩写。

- Mutually：相互性
- Exclusive：排重性
- Collectively：完整性
- Exhaustive：全面性

分解方法有很多种，但是对于数据分析来说比较有效的是因数分解分析。因数分解听起来好像比较复杂，但实际上就是四则运算的分解。比如说，对销售额的分解就是下面这样。

销售额 ＝ 人均销售额 × 购买人数

所以，应该按照下述方式来分解。

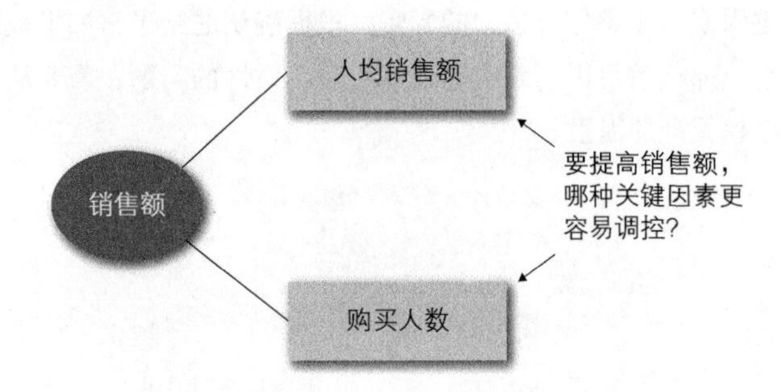

销售额＝人均销售额 × 购买人数

按照上述的 MECE 方式对现象进行分解并得到多个因素，通过观察它们的时间序列变化图，就可以发现在什么时候哪个因素的值下降了。这种情况下重要的是区分是“能被调控的因素”，还是“不能被调控或难以调控的因素”。而在进行 MECE 分解时，重要的是通过分解得到可调控的因素。

例如，如果对某个章鱼烧餐馆的销售额进行分解后得到了“人均消费额”这个因素，那么也就能够得到这个因素的时间序列变化，据此就能够发现每次都要吃上两三份食物的大食量客人变多了或者变少了这种现象。但是，如果该数值下降了（即大食量的客人变少了），那么这种情况下要想通过“使进店的客人每人都吃上两三份食物”来保证销售额是很困难的。也就是说，虽然观察人均消费额这一因素的时间序列变化是有意义的，但是这个因素是我们无法调控的。如果分解得到的都是这样的因素，那么由此而进行的数据分析很难有什么效果。

相反，如果在经过 MECE 分解后得到的各个因素中包含能够人为调控的因素，并且该因素中存在问题，那么即使该因素的数值在不断地上下波动，我们也很容易找出问题的关键所在，并能够通过有效的数据分析找到快速解决的方案。例如，针对某个章鱼烧餐馆，当我们发现该餐馆的广告费和吸引到的顾客人数之间的因果关系时，我们就会对广告投放充满信心，此时“新顾客人数”就会是“能够调控的因素”。当新顾客人数下降时，我们就可以知道该投放多少广告以使得新顾客的人数回升，并能够很快地具体执行。

■将数据比较后观察

“将数据比较后观察”指的是将发生问题时的数据和没发生问题时的数据相互比较，并找出问题出现的原因。

下图就是按 MECE 分解得到的关于销售额的各个因素。最好时期的状态，也就是“预期”，如左图所示，而“现状”如右图所示。例如，当销售额的预期和现状之间出现差距时，通过观察这张图就可以看出，因为“购买人数”下降，所以销售额才会下降。像这样，把以 MECE 的方式分解得到的各个因素进行比较，作为数据分析的一个切入口，是必不可少的一步。

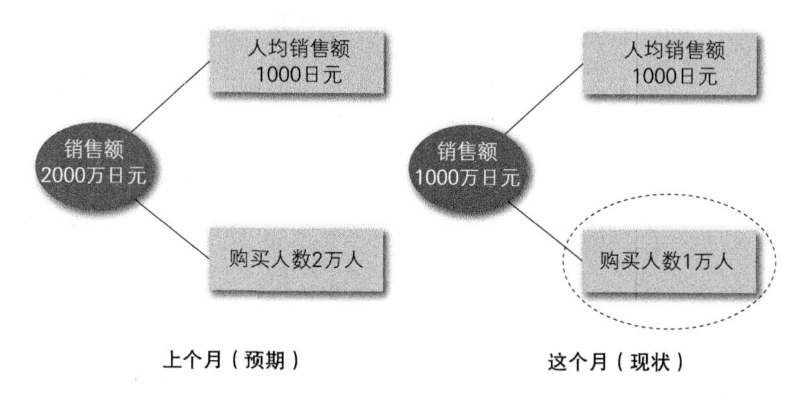

进行这种数据比较分析的目的是达到某种程度的类型化处理。首先，在使用时间序列进行比较的情况下，可以把过去的数据和现在的情况比较，如下所示。

- 昨天和今天的比较
- 上周和这周的比较
- 同一个商业活动在过去和现在的情况的比较

另外，有时还需要和其他类似商品或者服务的数据相比较，例如：

- 和竞争对手公司的销售数据相比较
- 公司内部的服务之间的利益比较

而分析用户属性也是经常使用的方法，例如：

- 20 多岁和 50 多岁用户的购买欲的差异（年龄段差异）
- 男性和女性的购买率的差异（性别差异）
- 关东和关西地区用户喜好的颜色和形状的差异（地域差异）

像这样，可以考虑在收集到的用户属性的各个类别之间进行比较（参照第 4 章）。

2.4 数据的收集和加工

数据收集

在明确了需要解决的问题之后，要想验证这些问题，就需要收集必要的数据。在数据收集时，需要考虑以下内容。

- **为了验证问题，什么样的数据是必要的**
- **这些必要的数据保存成分析师可以马上使用的形式了吗**
- **这些必要的数据在分析师提出申请后能使用吗**
- **当某些必要的数据没有被保存时，还能重新获得这些数据吗**
- **当某些必要的数据没有被保存，并且重新获得这些数据的代价太大时，有没有其他可替代的数据**

在上述各项内容中，除第一条之外，越排在前面的条目获取数据的代价就越小。在充分考虑效率的情况下，分析师首先应尽可能地使用手头上已有的数据、马上可以利用的数据或者申请后就能使用的数据来完成分析。

如果觉得在进行数据分析后新获取某些数据会有很好的商业效果，那么也可以考虑去新获取这些数据。然而，在实际的数据分析工作中，能够事先预见数据重要性的情况并不多见。即使是重新获取了这些数据，也会导致数据收集所花费的成本大大增加。另外，由于需要重新设置数据收集的起始时间，这就使得无法和过去的现象进行对比。并且在积累充足的数据之前，数据分析无法开始等问题都加大了工作的难度。

必要数据已经保存下来的情况下，一般有 3 种存储的方式：文件、数据库、Hadoop（HDFS）。

■从文件中读取数据

当数据以文件的形式保存时，多以 CSV（以逗号作为分隔符）或者 TSV（以制表符作为分隔符）的格式保存。数据分析时，就从这些文件中对必要的数据进行抽取和组合。

■从数据库中读取数据

除了用文件来保存数据，涉及商业活动的数据通常使用数据库来存储。数据库有很多种，但多数企业一般使用诸如 MySQL 等的 RDBMS 系统来保存数据。数据分析师可以通过在数据库中执行命令（参照后文的 SQL 命令）的方式来获取分析时所需的数据。

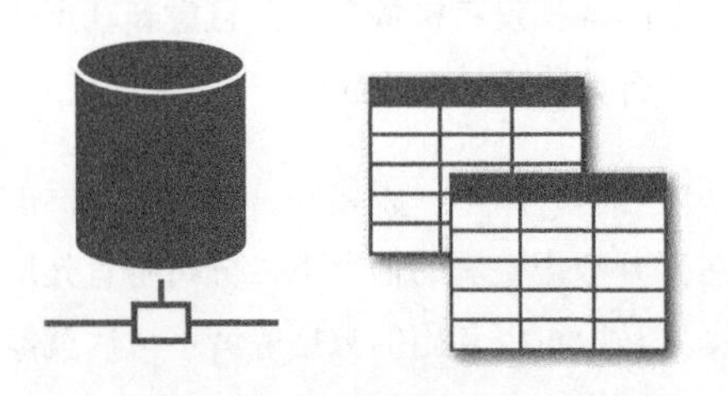

数据库中数据的保存形式

使用 SQL 命令从数据库中抽取所需数据的实例

■从Hadoop（HDFS）中读取数据

过去，商业数据的收集代价很大。然而近些年来，伴随着信息和通信技术的发展，企业可以轻松地获取数据，因此数据就被大量地保存了起来。

在这样的背景下，过去所使用的数据库容量有限，无法满足大量数据的存储。为了解决这一问题，人们开始考虑使用中间件。数据的使用者看似只是在和一个数据库打交道，而背后实际上是一个能够连接多个数据库的系统。

Hadoop 就是用来保存所谓的大数据的。企业为了手动处理数据，经常使用 Hadoop 这个中间件。在这个中间件上保存的数据是通过 HDFS（Hadoop 分布式文件系统）架构来管理的。数据分析师使用 Hadoop 命令或 Hive 之类的工具，从这个中间件中获取分析必需的数据。

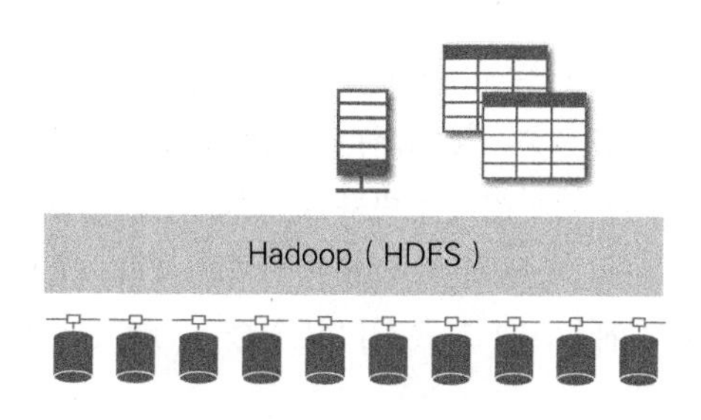

数据加工

在收集好分析所必需的数据后，下一步就是数据加工了。在一般的数据分析教科书中，为了方便理解数据分析的方法，使用的都是适用于该分析方法的数据。然而，在实际的数据分析过程中，需要根据使用的分析方法，自己动手来加工这些数据。

根据数据分析的目的、数据的保存状态、数据的形状等的不同，数据加工的方式也有所不同，因此需要具体情况具体分析。在实际进行数据分析时，能否较好地完成数据加工是一个关键点。

■数据的整合

大多数的分析方法都要求在要分析的一块数据中包含所有希望分析的信息。也就是说，要将多块需要分析的数据整合成一块，但是这些数据通常都分别保存在各自的文件或表格当中。因此，为了完成数据的整合，如果数据存储在数据库中，就使用 SQL 命令；如果存储在文件中，就使用 Excel 或 R 等。

■生成用于判定的变量

例如，我们将某天来访问的用户的数据和消费数据加以整合，那么那些没有消费的用户由于在消费数据中没有记录，将不会被整合到最终的数据当中。在这种情况下，可以新创造一个变量，该变量的值只有“已消费（1）”/“未消费（0）”两个标志位。有了这样的标志位，不仅可以通过“已消费的标志位数 / 总用户数”得到消费率，还可以将消费标志位作为因变量建立相应的模型等。

■生成离散变量

例如，基于某天每个用户的消费数据，我们可以将用户分为消费金额较大的用户、消费金额一般的用户、消费金额较小的用户和完全不消费的用户。像这样根据数据对用户进行分类分析的场景很常见。在商业领域，为了方便在数据分析后采取相应的解决对策，需要像这样将连续数值离散化。在这种情况下，我们以某个金额为基准，像下面这样生成离散化的定类变量。

- **消费金额较大的用户（1）**
- **消费金额一般的用户（2）**
- **消费金额较小的用户（3）**
- **完全不消费的用户（4）**

通过生成这样的变量，就可以进行各种各样的分析。例如，通过“某一天的消费总金额/消费人的定类变量”，就可以得到按照消费金额大小分成的4类用户中每类用户的平均消费金额，也可以基于消费人的定类变量进行交叉列表统计，甚至可以进行数据建模等工作。

2.5 数据分析

到目前为止，我们介绍了“现状和预期的整理”“问题的定义和发现”“具体的数据收集和加工”这些内容。如果依次很好地完成了上述工作，下一步就是数据分析了。在商业数据分析中，根据问题种类的不同，大致分为**“决策支持”**和**“自动化 · 最优化”**两大类。

首先，“决策支持”的目的是帮助用户做出决策并执行。因此，人们能够理解并做出恰当的判断是最重要的。在进行以“决策支持”为主的数据分析时，相较于那些高级复杂的分析模型，简单且易于理解的分析模型更有效果，所以这种情况下经常使用简单求和或交叉列表。

另一方面，“自动化 · 最优化”的目的是帮助用户构建让计算机执行问题解决方案的算法。因此，相较于易于理解性，更重视算法的计算量和精度。

	决策支持	自动化 · 最优化
目的	支持人们的行为决策	支持计算机的行为
目标	降低沟通成本	提高预估精度，降低计算量
常用的方法	简单求和、交叉列表	机器学习、构建算法

有助于决策支持的统计分析

对决策支持有效的数据分析，基本上都是简单求和或者交叉列表之类的数据分析。这类分析简单且易于理解，分析师和商业负责人沟通起来的成本较低。除此之外，有时还会基于统计分析建立预测模型。预测模型能够明确“什么样的因素会对结果产生什么样的影响”这样的因果关系，因此有助于决策支持。例如，通过建立一个用广告因素来解释销售额结果的模型，就能够得到一个预测模型，预测投放多大金额的广告可以带来多大程度的销售额增长。顺便解释一下，在统计分析中，上例中的销售额，即被预测的数值称为“因变量”，而广告费等用于解释预测的因素称为“自变量”。

另外，在事前调研阶段，如果引发问题现象的因素很复杂，则需要建立一个由多个因素组成的预测模型。借助这个模型，我们可以观察一个因素的变化会给整体带来什么样的变化。此时可以使用各种多重回归分析法（第 6 章）或者协方差结构分析法。回归分析类的数据分析方法相对来说沟通成本较低，且易于传达。协方差结构分析类的复杂分析需要数据分析师对整个方法的构造非常了解，仅使用简单求和或者交叉列表的方式来传达主要的部分。

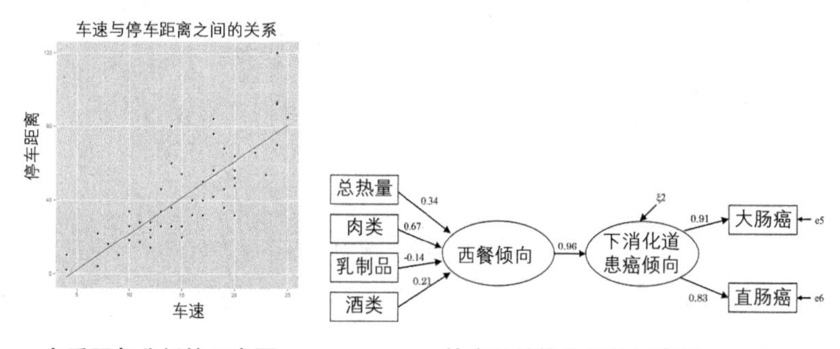

多重回归分析的示意图　　　协方差结构分析的示意图

有助于自动化·最优化的机器学习

“有助于决策支持的统计分析”所关注的重点是“什么能有效地提升销售额”等问题，而对此进行详细的分析则是“自动化·最优化”的目的。

例如，“这个数值大于 10 的话，就会大大提升商品被购买的概率”

这类论断大都需要从最优化的逻辑出发来验证。更进一步，我们可以推测出“哪种类型的消费者更容易购买哪种商品”这种个人购买行为。举个著名的例子，电商亚马逊就提供了“购买此商品的顾客也同时购买”的推荐功能。

此时机器学习作为一种强有力的数据分析方法，经常被用来处理过去积攒下来的日志数据。这些数据的量往往很大，人们很难用肉眼去发现其中的模式或者规律。然而，机器学习却能够从数据中学习出其本身包含的模式或者规律，并以此来建立模型。基于这个模型，就能够从用户购买行为的规律出发，自动地向每个用户提供他们各自需要的商品。

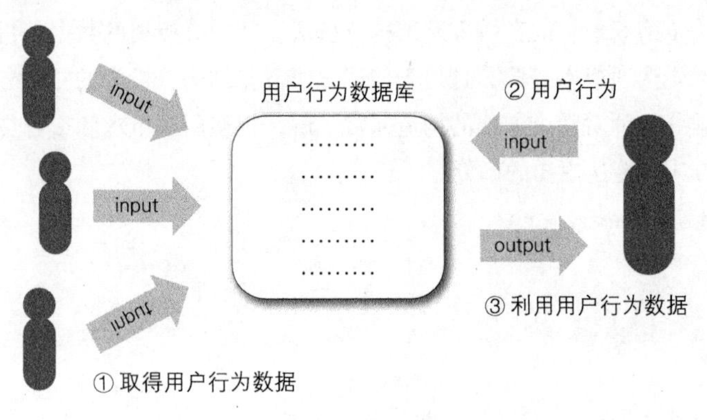

推荐模型的示意图

2.6 解决对策

数据分析的最后一步就是基于分析的结果来判断是否需要采取相应的解决对策。

这里的解决对策有两个意思:“人们做出决策并着手开始做某事或者停止做某事”和“构建用于执行解决对策的算法并在计算机上运行”。这两个意思分别和之前介绍数据分析时提到的“决策支持”和“自动化·最优化”相对应。

这二者在执行之前的沟通成本上是有差异的。沟通成本中大部分是说服他人的成本，要说服的有上司、策划人员、开发人员或者运维人员。在多数的组织机构中，“决策支持”的说服成本主要花在上司或者策划人员上，而“自动化·最优化”的说服成本则大都花在开发人员或运维人员上。

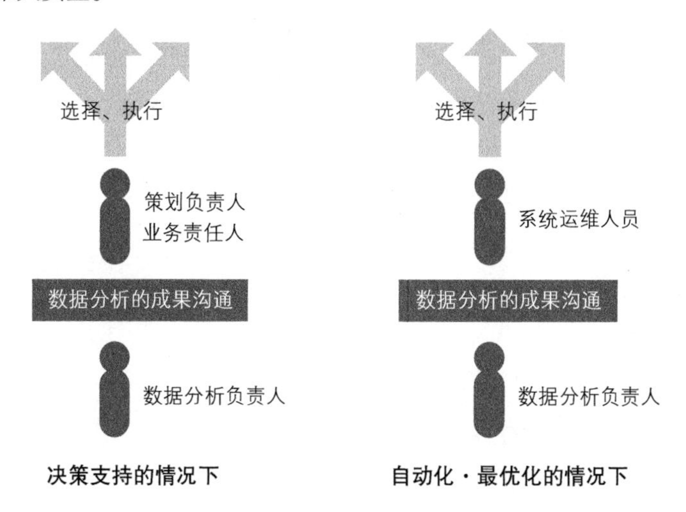

因此，无论是哪种解决对策，都需要在对其改善或实施的费用和效果进行评估的基础上决定是否执行。经常遇到的情况是，我们知道需要改善的因素，也估算了所需的开发成本，但是却无法判断具体执行该解决对策后会有什么样的效果。也就是说，在完成了数据分析后，经常需要面对如何将预测的效果具体化、执行风险最小化的问题。

在这种情况下，数据分析师就能够给我们提供帮助。例如，使用分析时建立的预测模型来进行模拟仿真。如果过去的数据在未来也能够复现，那么就提示所预估的具体效果有多大。在采取解决对策时，未来将要面临的情况不可能和过去完全一致，所以一并提示会出现多大的偏差也很重要。

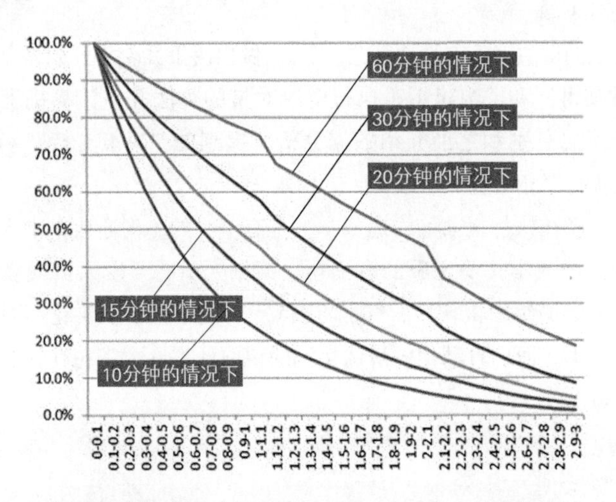

模拟仿真的示意图（停留时间和遇上大甩卖次数的概率）

2.7 小结

到目前为止，商业数据分析的框架我们就介绍完了。但读者不一定要完全遵循这个步骤，也不一定必须按照我们介绍的顺序来做。然而，有一定经验的数据分析师大都会有意无意地灵活运用这个框架。

例如，在“发现问题”的讨论中，有经验的数据分析师总能意识到“这个数据有吗?”“这里的数据能收集到吗?”“如果收集不到，那么能用这个数据替代吗?”这类“数据收集”的问题，以及“因为要用这种方法来分析这个数据，所以有必要收集之前的这个数据”这类“数据分析”的问题。

在讨论中应充分探讨这些问题，并确认是否达成了共识。另外，即使在讨论过后，也可以通过别的方式来探讨如何收集尚未保存的数据。

这些可以说都是随着数据分析师个人经验的增加而积累的技巧。实际上，关于“现状和预期”的概念，与其让数据分析师来考虑，不如让策划、开发或者运维的相关人员，也就是数据分析的委托人来考虑，这样也有助于数据分析的顺利进行。总之，委托人和分析师需要对数据分析的预期达成共识，认真进行数据分析，以得出切实可行的方案，这是商业数据分析里最为重要的部分。做好这部分工作就是轻松提升数据分析效果的方法论。

R语言入门

从第 3 章开始，读者将体验到数据分析的整套流程，所以现在需要先学习使用 R 语言。R 语言是可以免费使用的。下面我们为 R 语言的初学者介绍 3 个基本的操作。

- R 语言的安装
- 如何确认保存分析数据的地方
- R 语言的扩展功能（程序包）的使用方法

※ 另外，由于本书并不是 R 语言的解说书，因此各章的代码解说中并不会提供关于 R 语言细节的详细说明。有关代码的解释仅限于数据分析和数据解释所必要的最小范围内。读者在阅读本书时也不要太拘泥于细节。

R语言的安装

关于 R 语言的安装，网上有很多资料介绍。读者可以根据自己使用的开发环境，选择安装 Windows 版、Mac 版或者 Unix 版。

启动 R 语言程序后会显示下面的界面（下面会使用 Mac 版的 R 语言（ver. 3.0.2）来介绍，Windows 版等其他版本也都一样）。从第 3 章开始，在图中的“R Console”中输入每章末的代码，就能够体验各章案例学习中的数据分析。

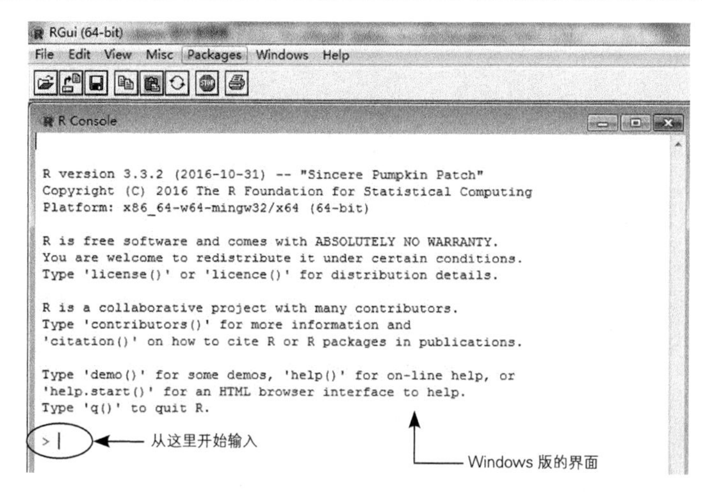

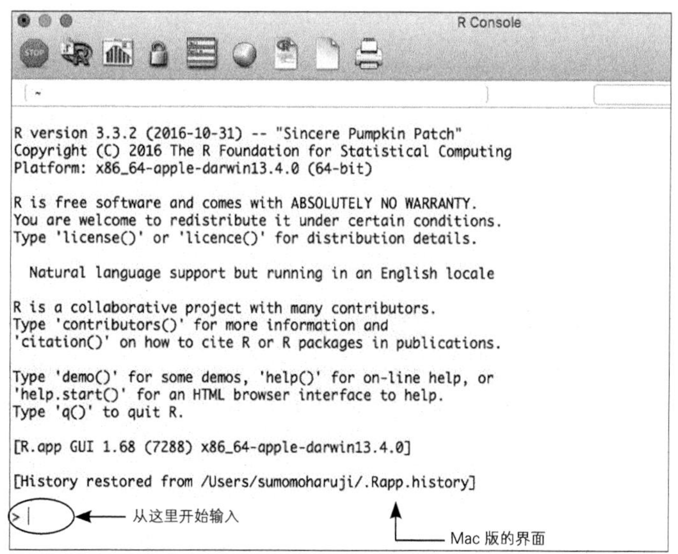

如何确认保存分析数据的地方

R 语言里，需要将要分析的数据保存在某个地方。读者可以通过输入下面图中的命令来确定数据该保存在何处。

```
>getwd()
```

在下面的例子中，目录 /Users/sumomoharuji/ 既是数据的保存位置，也是 R 语言的当前工作目录。

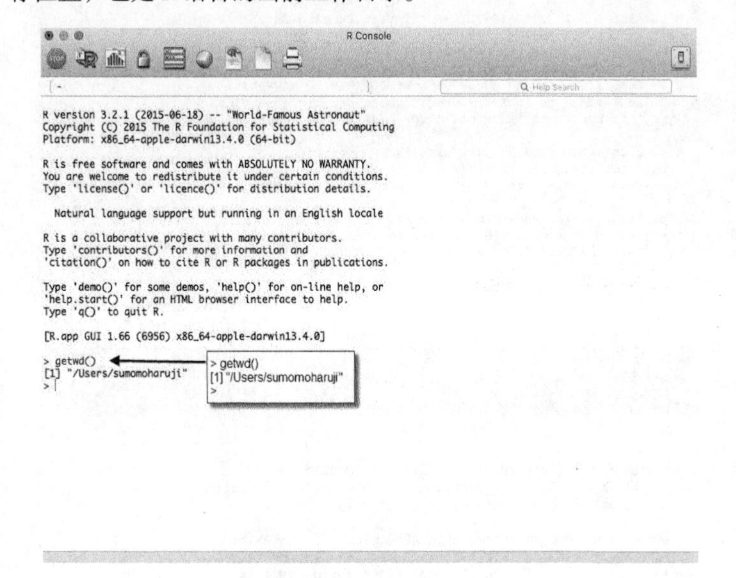

R语言的扩展功能的使用方法

R 语言包含语言本身和其他的程序包。把这些程序包下载到自己的计算机中并进行设置，就可以扩展 R 语言本身的功能。这些程序包是由全世界的 R 语言用户开发出来的数据处理工具，面向所有人公开。通过运行命令 install.packages(XXX) 就能够将 XXX 这个工具下载到自己的计算机里，且不需要指定下载保存路径等具体信息，就可以使用这个工具。每台电脑只需要下载一次，之后就可以一直使用了。例如，安装工具 ggplot2 的操作如下所示。

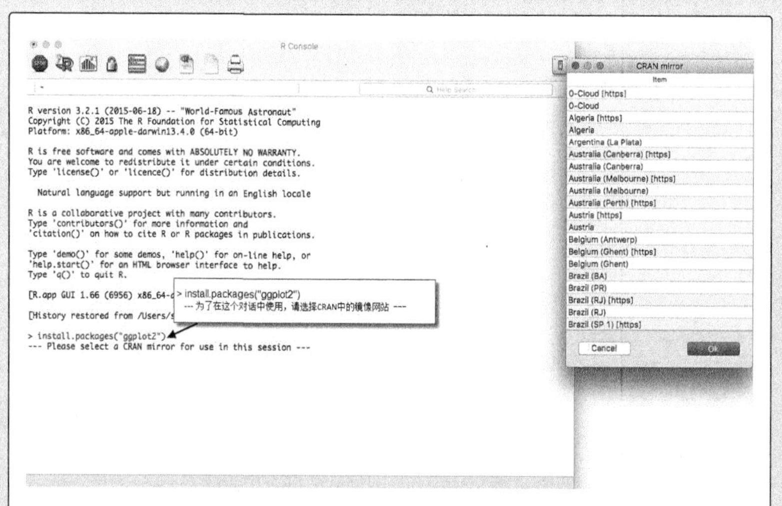

输入 install.packages 命令后会出现 CRAN mirror 的选择画面。选择一个中国的镜像站点，然后点击“确定”，下载就开始了。

```
> library(XXX)
```

然后，通过执行上述命令，就可以在自己的计算机上使用他人开发的 XXX 工具（程序包）了。需要强调的是，要想使用 library(XXX) 命令，就必须先执行 install.packages 命令将程序包下载到自己的计算机里。在执行上面的命令时，如果出现了错误，大都是因为“未下载程序包”，此时只要再次执行上述命令即可。在每次启动 R 之后都需要执行 library(XXX) 命令来加载程序包。

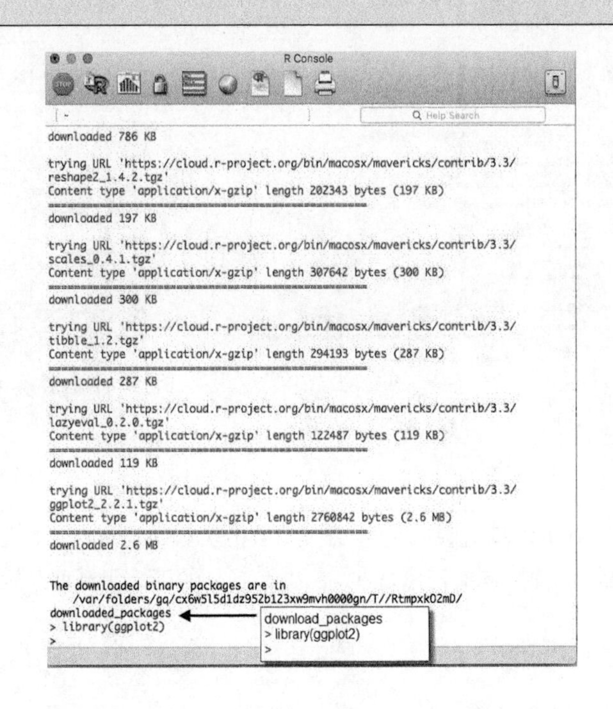

本书从第 3 章开始会经常使用下面这 9 个工具（程序包），请按照上述方法先行下载。

```
plyr  ggplot2  scales  reshape2  foreach
rpart  partykit  randomForest  caret
```

[分析基础]篇

第3章

案例❶—柱状图

为什么销售额会减少

社交游戏的销售额分析

一款叫作《黑猫拼图》的社交游戏本月的销售额相较于上月有所下滑，于是想调查下滑的原因，并提升销售额。该怎么做呢？

3.1 现状和预期

在本书中，我们假设某个社交游戏公司有一款叫作《黑猫拼图》的游戏，并以此为例进行解说。

《黑猫拼图》是一款很常见的益智类游戏，玩家通过移动画面下半部分的彩色砖块，使得一条线上的砖块颜色一致，此时画面上半部分的黑猫就会攻击敌人。这款游戏只能在智能手机上操作，而且作为主人公的黑猫设计得非常可爱，因此在女性用户中有着相当高的人气，并成为了这个游戏公司的主打应用之一。

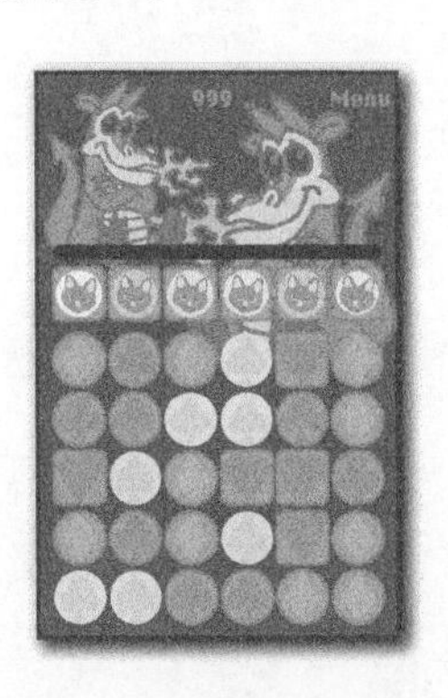

《黑猫拼图》

这个游戏的销售额之前一直保持着稳定的增长，然而这个月却下降了。无论是从市场环境还是从游戏本身的状态来看，这个游戏的销售额都还有继续增长的空间，因此销售额下降就成了该游戏公司的一个大问题，于是开发部就委托数据分析的负责人来探明原因并制定对策。下面，我们就开始数据分析吧。

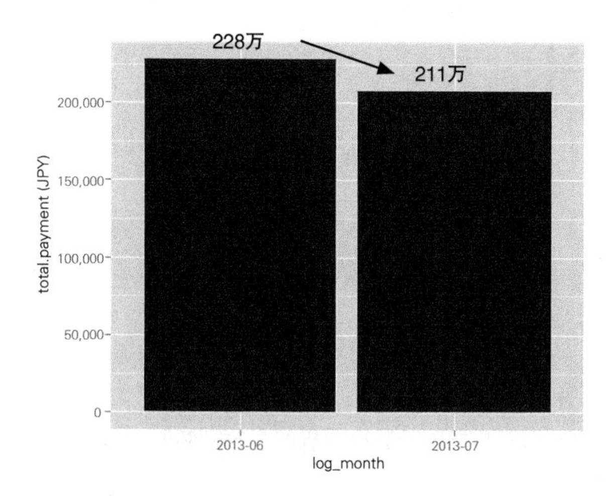

《黑猫拼图》的销售额比较（上月 / 本月）

首先需要整理出现状和预期。从上图可以看出，和上月相比本月的销售额确实下降了。这里的“现状”指的就是“和上月相比本月的销售额下降了”。而无论是从市场环境还是游戏本身的状态来看，这个游戏的销售额还有继续增长的空间。也就是说，本来的预期是“希望能够确保和上月相同的销售额”。

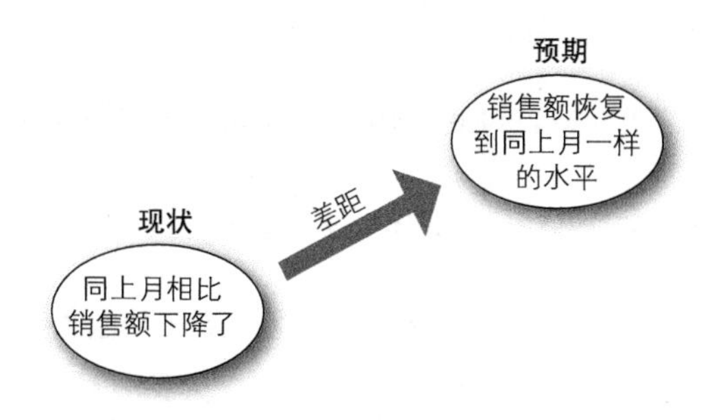

第 3 章的现状和预期

3.2 发现问题

首先，为了明确现状和预期之间的差距具体表现在哪里，我们需要知道本月和上月相比有哪些地方不同。在这个阶段，重要的是从大局出发来考量，而不是局限于数据分析的范畴。例如，可以尝试进行下述假设。

作为可能导致销售额减少的原因，上月和本月的不同之处有以下两点。

1. 在商业宣传上存在问题

2. 每月以不同的主题开展的游戏活动存在问题

提出假设后，接下来就应该尽量用简单的方法来大致验证一下。通过咨询市场部和游戏开发部，得到了以下信息。

1. 由于预算的缘故，和上月相比，本月并没有开展那么多的商业宣传活动

2. 游戏活动的内容和上月相比几乎没有变动

根据第 2 条的内容可知，游戏活动的内容相比之前没有大的变化，那么原因很可能是第 1 条假设——“商业宣传力度不够导致了销售额下降”。更进一步来说，由于商业宣传活动减少了，因此就很难有更多的人了解公司产品，产品也就很难获得新的用户。像这样，通过数据确认了新用户数量的减少和销售额下降之间的关系，接下来我们就来思考如何恢复销售额。

3.3 数据的收集和加工

探讨分析所需的数据

确定了要分析的主题后，就需要探讨一下分析所需的数据了。

在本例中，我们需要哪些数据呢？

这里我们提出的假设如下所示。

问 题

- 和上月相比，本月的销售额减少了 （事实）
- 本月的商业宣传活动相比上月减少了 （事实）
  因此，新用户的数量也减少了 （假设）

解决方案

- 将商业宣传活动恢复到与上月相同的水平

基于这个假设，为了加快问题的解决，让我们整理一下分析的过程。

1.《黑猫拼图》游戏的销售额相比上月减少了 （事实）
2. 通过观察销售额的构成，发现新用户带来的销售额减少了 （假设）
3. 将商业宣传活动恢复到与上月相同的水平 （解决方案）

要想完成上述流程，需要知道《黑猫拼图》游戏销售额的构成。为此，以下数据是必不可少的。

- DAU（Daily Active User，每天至少来访 1 次的用户数据）
- DPU（Daily Payment User，每天至少消费 1 日元的用户数据）
- Install（记录每个用户首次玩这个游戏的时间的数据）

另外，对于上述 3 部分数据，具体需要收集的内容如下所示。

● DAU

数据内容	数据类型	R 语言中的标识
访问时间	string（字符串）	log_data
应用名称	string（字符串）	app_name
用户 ID	int（数值）	user_id

● DPU

数据内容	数据类型	R 语言中的标识
消费日期	string（字符串）	log_data
应用名称	string（字符串）	app_name
用户 ID	int（数值）	user_id
消费额	int（数值）	Payment

● Install

数据内容	数据类型	R 语言中的标识
首次使用的日期	string（字符串）	install_data
应用名称	string（字符串）	app_name
用户 ID	int（数值）	user_id

作为基本的日志数据，这些数据每天都会被累积并存储起来。

收集分析所需的数据

■读入分析所需的数据文件

在确定了分析所需的数据对象后，下一步需要考虑的就是具体的数据收集了。在本例中，各种数据都以 csv 文件的格式保存在服务器上。为了能用分析工具 R 语言来处理这些文件，首先需要读入这些数据。

■确认各种数据的格式

我们需要先确认从 csv 文件中读入的各种数据的内容。

● DAU（每天至少来访1次的用户数据）

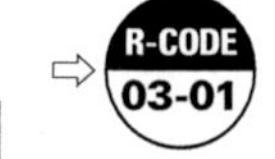

	访问时间	应用名称	用户 ID
1	2013 年 6 月 1 日	《黑猫拼图》	116
2	2013 年 6 月 1 日	《黑猫拼图》	13491
3	2013 年 6 月 1 日	《黑猫拼图》	7006
4	2013 年 6 月 1 日	《黑猫拼图》	117
5	2013 年 6 月 1 日	《黑猫拼图》	13492
6	2013 年 6 月 1 日	《黑猫拼图》	9651
…	…	…	…

原始的 DAU 数据里包含了《黑猫拼图》游戏所有用户的数据。我们以上表中浅灰色那行为例来介绍一下数据的内容。该行表示“2013 年 6 月 1 日 ID 为 116 的《黑猫拼图》游戏用户玩了这个游戏”。每天玩《黑猫拼图》游戏的全部用户的 ID 都在这份数据里。

● DPU（每天至少消费1日元的用户数据）

	访问时间	应用名称	用户 ID	消费额 / 日元
1	2013 年 6 月 1 日	《黑猫拼图》	351	1333
2	2013 年 6 月 1 日	《黑猫拼图》	12796	81
3	2013 年 6 月 1 日	《黑猫拼图》	364	571
4	2013 年 6 月 1 日	《黑猫拼图》	13212	648

（续）

	访问时间	应用名称	用户 ID	消费额 / 日元
5	2013 年 6 月 1 日	《黑猫拼图》	13212	1142
6	2013 年 6 月 1 日	《黑猫拼图》	13212	571
…	…	…	…	

DPU 数据仅包含了在游戏中发生消费行为的用户及其消费金额。以数据内容的第 1 行为例，它表示“2013 年 6 月 1 日 ID 为 351 的用户支付了 1333 日元”。另外，正如上述数据所示，这里保存的是用户从游戏开始到结束所消费的金额，所以当同一个用户同一天多次访问游戏时，每一次的消费金额数据都会被记录下来。

● Install（记录每个用户首次玩这个游戏的时间的数据）

	首次使用的日期	应用名称	用户 ID
1	2013 年 4 月 15 日	《黑猫拼图》	1
2	2013 年 4 月 15 日	《黑猫拼图》	2
3	2013 年 4 月 15 日	《黑猫拼图》	3
4	2013 年 4 月 15 日	《黑猫拼图》	4
5	2013 年 4 月 15 日	《黑猫拼图》	5
6	2013 年 4 月 15 日	《黑猫拼图》	6
…	…	…	…

最后介绍的 Install 数据记录了每个用户于何年何月何日首次玩这个游戏。以上表中第 1 行的数据为例，它表示“ID 为 1 的用户在 2013 年 4 月 15 日第一次玩《黑猫拼图》游戏”。

加工分析所需的数据（前期处理）

现在我们收集了玩过《黑猫拼图》游戏的用户信息（DAU）、消费信息（DPU）和首次使用日期的信息（Install）。从现在开始我们要对数据进行加工，使其能够应用于数据分析。

把初始数据加工整理成可供分析的数据，这一过程称为“前期处理”。为了配合各种分析方法，我们需要将数据加工成可供这些分析方法使用的形式。每种分析方法所需的数据格式可能都不一样，这就需要我们根据所使用的分析方法来确定如何加工数据。

另外，一些数据分析方法对于噪声数据比较敏感。如果使用这类分析方法，那么还需要将噪声数据去除。

在本例中，我们的目的是判断“销售额减少是否受到了新用户因素的影响”。为了达到这个目的，我们需要对数据进行如下加工。

1. 把用户信息数据（DAU）和首次使用的日期数据（Install）相结合

为了得到某一天首次玩《黑猫拼图》游戏的人数，我们需要将用户ID作为key，把具有相同用户ID的用户信息和Install数据结合起来。

⇨ R-CODE 03-02

2. 将上述数据再与消费信息数据（DPU）相结合

为了得到在某一天有消费行为的用户数量，把用户ID和消费日期作为key，将DAU和DPU的数据结合起来。此时，由于DPU中未包含没有消费行为的用户数据，因此最终的数据中不仅保留了各数据相结合的记录，也保留了没有和DPU数据相结合的记录。

⇨ R-CODE 03-03 ~ R-CODE 03-04

3. 将未消费用户的消费额设置为零

在DAU中，有消费行为的用户只是其中的一部分。在第2步中未能和DPU数据相结合的记录也被保存了下来，因此在消费额中出现了缺失值。由于有缺失值的存在，在计算平均值等的过程中就会出现问题。因此需要将数据中的缺失值（NA）替换为0，以便计算平均值或总值。

⇨ R-CODE 03-05

● **到目前为止加工处理得到的数据**

	访问日期	应用名称	用户 ID	首次使用的日期	消费额 / 日元
1	2013 年 6 月 1 日	《黑猫拼图》	1	2013 年 4 月 15 日	0
2	2013 年 6 月 1 日	《黑猫拼图》	3	2013 年 4 月 15 日	0
3	2013 年 6 月 1 日	《黑猫拼图》	6	2013 年 4 月 15 日	0

（续）

	访问日期	应用名称	用户 ID	首次使用的日期	消费额 / 日元
4	2013 年 6 月 1 日	《黑猫拼图》	11	2013 年 4 月 15 日	0
5	2013 年 6 月 1 日	《黑猫拼图》	17	2013 年 4 月 15 日	0
6	2013 年 6 月 1 日	《黑猫拼图》	18	2013 年 4 月 15 日	0
7	2013 年 6 月 1 日	《黑猫拼图》	19	2013 年 4 月 15 日	162
8	2013 年 6 月 1 日	《黑猫拼图》	28	2013 年 4 月 15 日	0
…	…	…	…	…	…

4. 按月统计

在本例中，为了观察上月和本月数据的差别，数据将会按照月份来统计，也就是按月统计用户信息。

⇨ R-CODE 03-06

● **按月统计的数据**

	访问月份	用户 ID	首次使用月份	消费额 / 日元
1	2013 年 6 月	1	2013 年 4 月	0
2	2013 年 6 月	2	2013 年 4 月	0
3	2013 年 6 月	3	2013 年 4 月	14994
4	2013 年 6 月	4	2013 年 4 月	0
5	2013 年 6 月	6	2013 年 4 月	0
6	2013 年 6 月	7	2013 年 4 月	0
…	…	…	…	…

5. 在按月统计的数据中区分新用户和已有用户

为了确认新用户的数量是否减少了，我们可以比较某个用户的首次使用月份和访问月份是否相同，如果相同则是新用户，否则便是已有用户。

⇨ R-CODE 03-07

● 包含新用户/已有用户标签的数据

	访问月份	用户 ID	首次使用月份	消费额 / 日元	新用户 / 已有用户
1	2013 年 6 月	1	2013 年 4 月	0	已有用户
2	2013 年 6 月	2	2013 年 4 月	0	已有用户
3	2013 年 6 月	3	2013 年 4 月	14994	已有用户
…	…	…	…	…	…
22930	2013 年 7 月	22700	2013 年 7 月	0	新用户
22931	2013 年 7 月	22701	2013 年 7 月	0	新用户
22932	2013 年 7 月	22702	2013 年 7 月	0	新用户
…	…	…	…	…	…

上月（2013 年 6 月）和本月（2013 年 7 月）的已有用户和新用户的消费额数据统计如下表所示。

● 上月和本月的新用户/已有用户的消费额统计

访问月份	新用户 / 已有用户	总消费额 / 日元
2013 年 6 月	已有用户	177886
	新用户	49837
2013 年 7 月	已有用户	177886
	新用户	29199

3.4 数据分析

数据可视化制图

现在我们已经完成了数据加工，并将数据整理成适合数据分析的状态了。通常有经验的分析师会反复输出、确认整理好的数据，在观察各种数据的过程中找出问题的原因。本书为了让读者更容易理解，将数据转换为数据图后再做分析。柱状图是一种有助于有效把握数据内容的工具，现在我们就用它来将数据可视化。

⇨ R-CODE 03-08

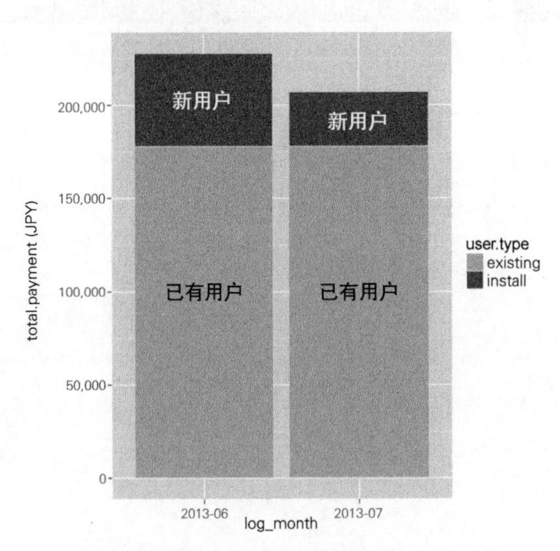

《黑猫拼图》游戏的销售额比较（上月 / 本月）

上图中左边的柱子表示的是上月的销售额，右边的柱子表示的是本月的销售额。已有用户分类到“existing”的类别下，而新用户分到“install”的类别下。从图中来看，已有用户带来的销售额几乎没有变化，而新用户带来的销售额却下降了，由此导致本月销售额整体下降。也就是说，我们在初步分析中得到的结果很顺利地验证了之前提出的假设。

下面我们来具体看一下哪个消费层次的消费额减少了。这里我们来做一个只有新用户数据的柱状图，将新用户上月和本月的支付情况可视化。在下图中，横轴表示该月的总计消费额，一个柱子的宽度代表 1000 日元，纵轴表示该消费额相应的用户数。

⇨ R-CODE 03-09

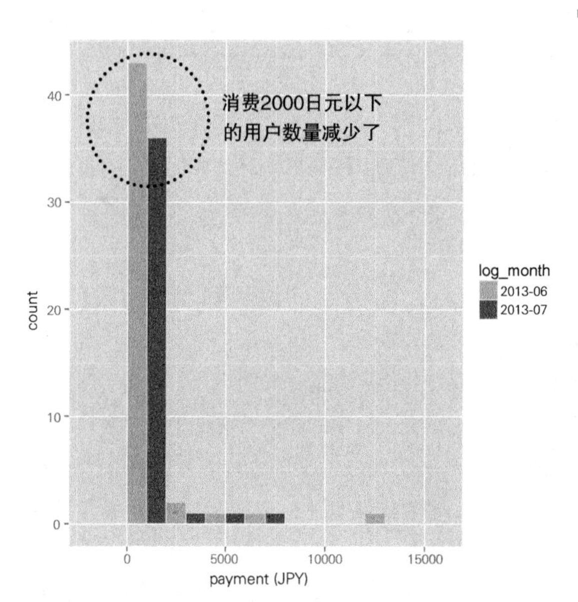

《黑猫拼图》游戏中新用户的消费额比较（上月 / 本月）

在上图中，数据以柱状图的形式表示了出来。我们可以看出，和上月（2013 年 6 月）相比，本月（2013 年 7 月）消费额在 2000 日元以下的用户数量减少了。

幂律分布

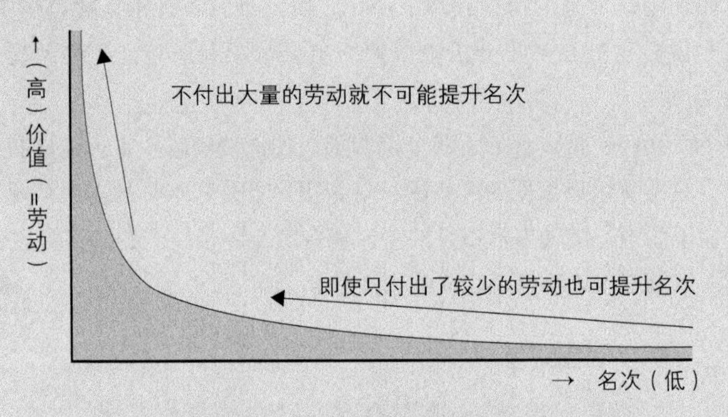

商业数据中经常会出现如上图所示的幂律分布。根据笔者以往的经验，凡是跟人们的心理有关系的数据，比如某类商品的销售状况、旅游景点的人气指数，或者某个时间段关键词的搜索次数等，大多都具有类似上图的分布形状。

下面我们来讨论一下这种数据形状出现的背景。它反映了一种常见的竞争心理：想超越大多数人往上升，只需稍微付出一些努力即可，但想升到最高处，还只是付出和之前一样的努力是很难实现的。实际上与人们心理相关的数据都会表现出这样的分布特性。很多学者根据商业数据中经常出现的这种分布形状提出了各种各样的研究课题和规律，比如，人们发现八成的销售额来源于二成的商品，这一规律被称为“二八法则”或者“长尾效应”。

在社交游戏中，用户可以用金钱来购买劳动。由于大部分用户消费得很少，所以你只需要花不多的钱就可以让自己的排名大幅上升。然而，如果你想占据排行榜的顶端，那么所要花费的金额马上就会上涨。这也是人们的竞争心理结构在数据分布上的表现。

3.5 解决对策

我们先来回顾一下数据分析之前设立的假说。

1.《黑猫拼图》游戏的销售额相比上月减少了（事实）
2. 通过观察销售额的构成，发现新用户带来的销售额减少了（假设）
3. 将商业宣传活动恢复到与上月相同的水平（解决方案）

而且，根据此前数据分析的结果，我们可以知道：

1.《黑猫拼图》游戏的销售额和上月相比减少了（事实）
2. 通过观察销售额数据的构成，发现新用户带来的销售额减少了，其中消费额在 2000 日元以下的轻度消费用户的人数减少所造成的影响最大（事实）
3. 将商业宣传活动恢复到与上月相同的水平（确信度较高的解决方案）

基于上述结果，我们可以采取下面的解决对策来提升销售额。

新用户中的消费用户数量减少了，特别是消费金额较少的小额消费用户数量减少了。因此，公司需要再次开展商业宣传活动并恢复到之前的水平，这样才有可能提升潜在用户对公司产品的认知度，增加新的用户。这样一来，才会增加小额消费用户的数量，将销售额恢复到与上月相同的水平。

顺便说一下，在实际再次开展商业宣传活动时，需要判断商业宣传活动的花费能否和新用户的顾客终身价值（Life Time Value，LTV）相当。在本案例中，通过比较用其他方法计算出来的 LTV 和获取用户的成本，决定再次开展商业宣传活动。

3.6 小结

本章主要介绍了如何使用柱状图来做数据分析。

和上月相比，本月销售额下降了，我们将其作为问题，探讨了问题出现的原因。在商业数据分析中，很重要的一点就是在数据分析之前，尽可能地多听取相关部门的意见，充分了解事实。在此基础上，再和相关负责人共同讨论可能的原因，并用数据进行验证。

分析流程	第 3 章中数据分析的成本
现状和预期	中
发现问题	低
数据的收集和加工	低
数据分析	中
解决对策	低

3.7 详细的 R 代码

读入 CSV 文件

R-CODE 03-01

```
# 读入CSV文件
dau <- read.csv("section3-dau.csv", header = T, stringsAsFactors = F)
head(dau)
dpu <- read.csv("section3-dpu.csv", header = T, stringsAsFactors = F)
head(dpu)
install <- read.csv("section3-install.csv", header = T, stringsAsFactors
 = F)
head(install)
```

输入 **read.csv(AA,header=T,stringsAsFactors=F)**，就可以把文件名为 AA 的文件读入 R 语言中。AA 后面的 header=T 表示读入的文件带有数据头，其中 T 表示 True。相反，如果读入的文件没有数据头，全是数据，则输入 F（false）。此处读入的数据文件中包含了表示各列数据内容的数据头，所以设为 T。下一个参数是 stringsAsFactors，它表示“即使数据中混入了字符也照常处理”。这里先直接输入这个参数。

命令 **A <- BBB** 表示将 BBB 的处理结果放入到 R 语言中名为 A 的数据存储空间里。

● DAU

```
##      log_date app_name user_id
## 1 2013-06-01  game-01     116
## 2 2013-06-01  game-01   13491
## 3 2013-06-01  game-01    7006
## 4 2013-06-01  game-01     117
## 5 2013-06-01  game-01   13492
## 6 2013-06-01  game-01    9651
```

⇒ 2013年6月1日，ID为116的用户使用了名为game-01的应用

上述数据被放入名为DAU的数据存储空间里。这些数据包含了各个日期里使用该应用的全部用户的ID。

● DPU

```
##      log_date app_name user_id payment
## 1 2013-06-01  game-01     351    1333
## 2 2013-06-01  game-01   12796      81
## 3 2013-06-01  game-01     364     571
## 4 2013-06-01  game-01   13212     648
## 5 2013-06-01  game-01   13212    1142
## 6 2013-06-01  game-01   13212     571
```

⇒ 2013年6月1日，ID为351的用户消费了1333日元

DPU仅保存了有消费行为的用户每日所消费的金额数据。

● Install

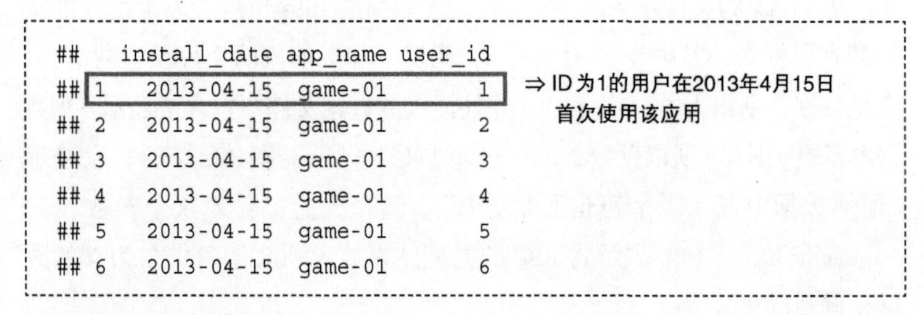

```
##   install_date app_name user_id
## 1   2013-04-15  game-01       1
## 2   2013-04-15  game-01       2
## 3   2013-04-15  game-01       3
## 4   2013-04-15  game-01       4
## 5   2013-04-15  game-01       5
## 6   2013-04-15  game-01       6
```

⇒ ID为1的用户在2013年4月15日首次使用该应用

最后是install，这里保存了各个用户是在何年何月何日首次玩这个游戏的数据信息的。

合并 DAU 和 Install 的数据

```
dau.install <- merge(dau, install, by = c("user_id", "app_name"))
head(dau.install)
```

merge 函数用于将两块数据合并到一起。

输入 **merge(A,B,by=c("XXX"))** 后，就可以将 A 数据和 B 数据中 XXX 属性内容相同的行合并起来。此处我们把 dau 数据和 install 数据中 user_id 和 app_name 内容相同的行合并起来。也就是说，通过指定 by 后面的内容，我们就把 game-01 应用中同一个用户 ID 的数据合并了起来。

```
##    user_id app_name   log_date install_date
## 1        1  game-01 2013-06-03   2013-04-15
## 2        1  game-01 2013-06-14   2013-04-15
## 3        1  game-01 2013-07-09   2013-04-15
## 4        1  game-01 2013-06-10   2013-04-15
## 5        1  game-01 2013-06-08   2013-04-15
## 6        1  game-01 2013-06-05   2013-04-15
```

⇒ game-01应用中ID为1的用户的使用日期和首次使用日期合并在了一起

为了方便阅读，最左边的一列是连续的行号，然后向右依次是 user_id、app_name、log_data、install_data 的数据。上述的合并是成功的，若是失败了，就会显示错误。这种错误的发生，多是因为输入类型错误或者数据不完善（这里主要是指本该输入数字的地方混入了字符）等，请仔细确认。

合并上述数据和 DPU 数据

R-CODE 03-03

```
dau.install.payment <- merge(dau.install, dpu, by = c("log_date",
"app_name", "user_id"), all.x = T)
head(dau.install.payment)
```

此处我们依然使用 merge 函数来合并新的数据。

```
##      log_date app_name user_id install_date payment
## 1 2013-06-01   game-01       1   2013-04-15      NA
## 2 2013-06-01   game-01       3   2013-04-15      NA
## 3 2013-06-01   game-01       6   2013-04-15      NA
## 4 2013-06-01   game-01      11   2013-04-15      NA
## 5 2013-06-01   game-01      17   2013-04-15      NA
## 6 2013-06-01   game-01      18   2013-04-15      NA
```

⇒ 新合并了消费金额数据

可以看到，行号后依次是 log_data、app_name、user_id、install_data，最右边合并了一列消费金额数据（payment）。然而，这里并没有显示消费金额，显示的是文字“NA”。这是因为只有发生了消费行为的用户才会产生数据，否则就没有数据，缺失的数据在合并后就显示为“NA”。

实际上应该是消费金额数据和“NA”混杂在一起，在数据金额那一列里还应该有“NA”以外的其他数值的记录存在，但是上图中前6行记录的消费金额全都是“NA”，所以我们还不太确定消费金额数据是否已经和之前的数据正确地合并了。为了确认这一点，输入下列代码，查看消费金额为非“NA”的数据。

```
head(na.omit(dau.install.payment))
```

```
##        log_date app_name user_id install_date payment
## 7   2013-06-01   game-01      19   2013-04-15     162
## 81  2013-06-01   game-01     351   2013-04-18    1333
## 84  2013-06-01   game-01     364   2013-04-18     571
## 186 2013-06-01   game-01    1359   2013-04-23      81
## 271 2013-06-01   game-01    3547   2013-04-27     571
## 797 2013-06-01   game-01    9757   2013-05-20    1333
```

⇒ 确认了存在消费金额为非空的数据

payment 项目显示了“NA”以外的数据，即消费金额，这意味着 payment 属性为数值的记录已成功合并了进去。

将未消费用户的消费额设置为零

R-CODE 03-05

```
# 将未消费的记录的消费额设置为0
dau.install.payment$payment[is.na(dau.install.payment$payment)] <- 0
head(dau.install.payment)
```

输入 **AA$BB[is.na(AA$BB)] <- 0**，将数据 AA 中属性 BB 为“NA”的数据替换为“0”。

在上述数据处理中，未消费的用户被标记为“NA”，这并不是一个好的状态。那么没有消费的用户应该用什么来标记合适呢？虽然需要具体分析，但这里我们认为用“0”来表示比较合适，于是输入上述代码。

```
##     log_date app_name user_id install_date payment
## 1 2013-06-01  game-01       1   2013-04-15       0
## 2 2013-06-01  game-01       3   2013-04-15       0
## 3 2013-06-01  game-01       6   2013-04-15       0
## 4 2013-06-01  game-01      11   2013-04-15       0
## 5 2013-06-01  game-01      17   2013-04-15       0
## 6 2013-06-01  game-01      18   2013-04-15       0
```

⇒ 用“0”来替换缺失值“NA”

和之前的输出结果相比，可以看到 user_id 为 1 的用户的“NA”属性值已经被替换为“0”了。

按月统计

R-CODE 03-06

```
# 增加一列表示月份
dau.install.payment$log_month <-substr(dau.install.payment$log_
date, 1, 7)
dau.install.payment$install_month
  <- substr(dau.install.payment$install_date, 1, 7)

install.packages(plyr)
library(plyr)
mau.payment <- ddply(dau.install.payment,
                     .(log_month, user_id, install_month), # 分组
```

```
                    summarize,                       # 汇总命令
                    payment = sum(payment)           # payment的总和
                    )

head(mau.payment)
```

现在分析的数据，都是年月日（例如 2013-04-15）这种按日统计的数据。如果需要按月分析，则需要生成按月统计的信息。这就需要从年月日（例如 2013-04-15）的数据中提取并汇总年和月的部分。

输入 **AA$CC <- substr(AA$BB,1,4)** 的命令，将 AA 数据的 BB 列属性的第 1 到第 4 个字符提取出来，并作为 AA 数据的 CC 属性值输入。现有的数据中日期的格式为“YYYY-MM-DD”，因此需要提取前面 7 个字符，也就是“YYYY-MM”的部分。使用日期和首次使用日期两个数据都需要做这个处理。

下一步是汇总。数据的汇总可以使用 library(plyr)。关于程序包 / 工具，请参考“R 语言入门”里的解释。此处下载名为 plyr 的工具，并在自己的计算机上将其设置到可用状态。

利用函数 **ddply(AAA,.(B,C), summarize,XXX=sum(XXX))**，按照 AAA 数据的属性 B 和 C 来分组，并用加法来计算总和。这里我们使用的是 log_month,user_id,install_month，即按照每个有记录的月份（log_month）、每个用户 ID（user_id）和每个首次使用月份（install_month）来合计消费金额。

```
##    log_month user_id install_month payment
## 1    2013-06       1       2013-04       0
## 2    2013-06       2       2013-04       0
## 3    2013-06       3       2013-04   14994
## 4    2013-06       4       2013-04       0
## 5    2013-06       6       2013-04       0
## 6    2013-06       7       2013-04       0
```

⇒ 访问时间和首次使用日期从以日为单位转换到以月为单位，消费金额也以月为单位来汇总

最终，mau.payment 数据里面保存了访问月份为 2013 年 6 月、7 月和首次使用月份为 2013 年 4 月的每个用户的数据。

当前这份数据，通过仔细观察，也能够进行分析，但是作为一个合

格的数据科学家，我们可以根据首次使用月份的数据，对数据进行追加汇总，在制成图表的时候，让新用户和已有用户的增减一目了然。

增加属性来区分新用户与已有用户

R-CODE 03-07

```
# 识别新用户和已有用户
mau.payment$user.type
  <- ifelse(mau.payment$install_month == mau.payment$log_month,
     "install", "existing")

mau.payment.summary <- ddply(mau.payment,
                         .(log_month, user.type),        # 分组
                         summarize,                      # 汇总命令
                         total.payment = sum(payment)   # payment的总和
                         )
head(mau.payment)
head(mau.payment.summary)
```

ifelse(AA==BB, "XX","YY") 函数表示如果属性 AA 和属性 BB 的值相同，则记为 XX，如果不同则记为 YY。利用这个函数，如果用户的首次使用月份和最近使用月份相同，就为新用户，在 mau.payment 数据的 user.type 属性列中记入“install”。如果这两个月份不同，就为已有用户，在 user.type 属性列中记入“existing”。

```
##    log_month user.type total.payment
## 1    2013-06  existing        177886
## 2    2013-06   install         49837
## 3    2013-07  existing        177886
## 4    2013-07   install         29199
```

⇒ **6月和7月的消费额按照已有用户和新用户分开输出**

数据可视化

```
library(ggplot2)
library(scales)

ggplot(mau.payment.summary, aes(x = log_month, y = total.payment,
fill = user.type)) + geom_bar() + scale_y_continuous(label = comma)
```

R语言的程序包里通常包含有用于绘图的工具。这里我们需要使用一个在R语言分析中必须用到的制图工具 `ggplot2`，来确认数据。`ggplot2` 包含有丰富的功能，很多书中都对这些功能做出了详细的解释，这里我们先直接使用上述命令。如果更换上述命令中的 `log_month` 或者 `total.payment` 等属性名称，则会得到不同的图形。

需要注意的是，在使用 `ggplot2` 作图时存在不能显示汉字的情况。此时我们可以通过 `library(sysfonts)` 和 `library(showtext)` 命令导入字体包来解决这个问题。

另外，我们还使用了 `scales` 程序包。这是一个将普通数字转换为以三位数为一个区间来显示的工具，例如1000经转换后为1,000。利用上述工具生成的数据图如下所示。

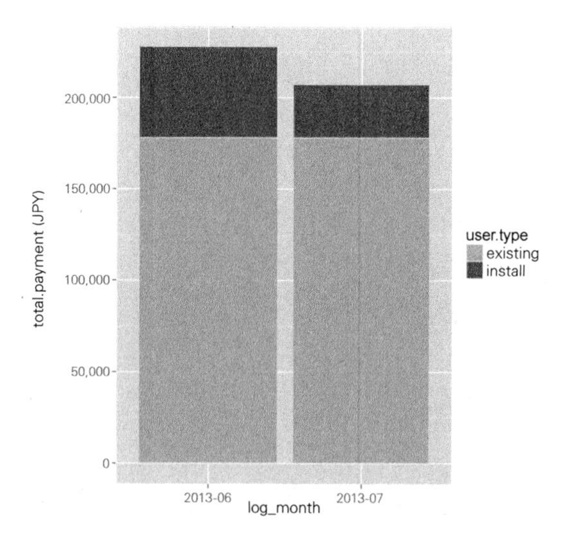

《黑猫拼图》游戏的销售额比较（上月 / 本月）

下面我们只考虑新用户的数据，将上月和本月的销售状况以柱状图的形式表示出来。

R-CODE 03-09

```
ggplot(mau.payment[mau.payment$payment > 0 &
mau.payment$user.type == "install", ], aes(x = payment,
fill = log_month)) + geom_histogram(position = "dodge", binwidth = 2000)
```

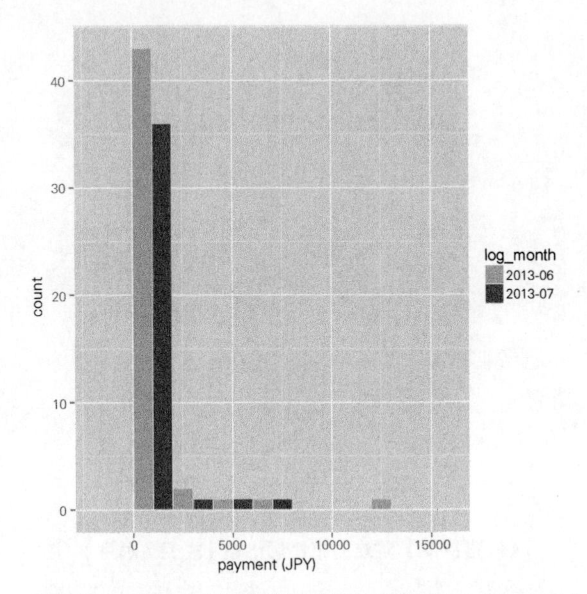

《黑猫拼图》游戏新用户的销售额数据比较（上月 / 本月）

第4章

案例❷—交叉列表统计

什么样的顾客会选择离开

社交游戏的用户流失分析

和上月相比，本月《黑猫拼图》游戏的用户数减少了很多。和上月相比，本月的商业宣传和月度活动并无大的变化。因此，我们需要调查清楚用户数大量减少的原因并改善这种状况。那么我们该怎么做呢？

4.1 现状和预期

《黑猫拼图》游戏从发布到现在已经有一年零三个月了。在游戏刚发布时，用户数大量增加，其中大部分是游戏发布前就已经注册的用户。然而，几周后的一次严重的程序问题导致了用户流失。又过了一个月，由于投放的广告发挥了作用，用户数量再次增加，而后这些新的用户又逐渐流失。虽然用户数在短期内经常反复地上下波动，但从按月统计的数据来看，在游戏发布后的半年时间里，用户数保持了上升的势头。而这之后的 8 个月时间，游戏的用户数也一直维持之前的水平。

然而，从这个月开始，用户数开始大量减少。因为《黑猫拼图》游戏是公司具有代表性的成功应用，所以这次用户数减少的问题也备受关注。

广告部的负责人表示："和上个月相比，商业推广活动无论是从内容上还是从数量上来看都没有发生变化。"

游戏企划部的负责人也表示："每月开展的游戏活动并没有什么大的差异。"

因此，社交游戏事业部的部长向数据分析部门下达了指示："调查清楚用户数量减少的原因，并尽全力改善这种状况。"

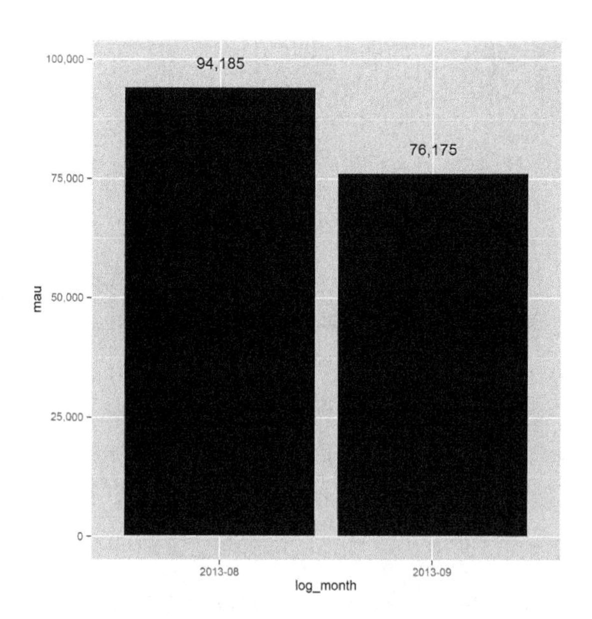

《黑猫拼图》游戏的用户数比较（上月 / 本月）

一般说来，无论是什么课题，数据分析的负责人首先需要做的就是明确问题现状和预期。本例中同样需要首先分析现状和预期。

首先，我们面临的现状是“和上月相比，本月的用户数减少了”。在本例中，我们的目标是查清用户数减少的原因，并确保和上月相同的用户数。那么，下一步要做的就是通过数据分析查清原因，并明确所需要解决的问题。

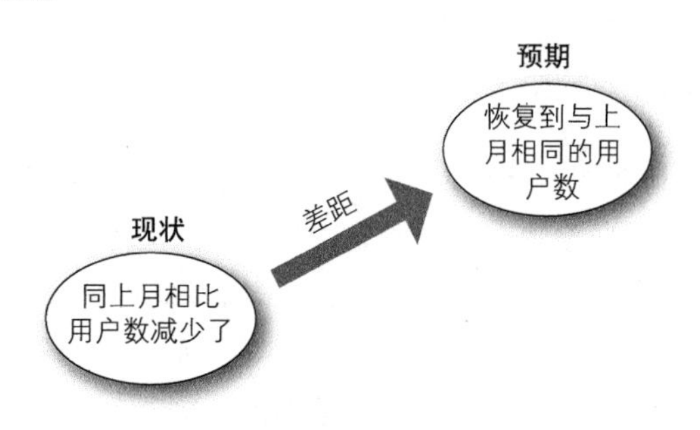

第 4 章的现状和预期

4.2 发现问题

同样，在第 4 章中，为了明确现状和预期之间差距的结构，我们需要首先思考上月和本月有哪些不同的地方。在发现问题的阶段，重要的是从大而广的视角出发来考虑各种可能性。例如，我们可以尝试做出如下假设。

1. **商业推广上存在问题，流失的用户数超过了新增的用户数**
2. **每月不同主题的游戏活动开始变得很无聊，用户都不爱玩了**
3. **按用户的性别或者年龄段等属性来划分用户群，可能是其中某个用户群出现了问题**

做出上述假设后，应尽可能地在短时间内大致验证一下。我们通过咨询市场部和游戏开发部，得到了下述信息。

1. **同上月相比，商业推广的力度大体没变，新增用户数也大致保持在相同的水平**
2. **开展的各种游戏活动同上月相比几乎没有变化**

因此，只剩下第 3 条假设“可能是其中某个用户群出现了问题”没能得到验证了。也就是说，并没有发现现有问题是由第 1 条或第 2 条假设造成的。再进一步深挖假设的内容，可以知道用户群通常是按照性别、年龄段等来划分的。于是，首先我们可以考虑是否有某个属性的用户群数量减少了，然后通过和上月的数据加以比较，确认用户数量减少了的用户属性，并思考如何恢复用户数量。

4.3 数据的收集和加工

探讨分析所需的数据

在确定了分析的主题后，就需要探讨一下分析所需的数据了。

这次的用户群分析到底需要哪些数据呢？本案例中我们提出的假设如下所示。

问 题

- **和上月相比，用户数量减少了　（事实）**
- **某个用户群出现了问题　（假设）**

解决方案

- **针对用户数量减少了的用户群采取相应的措施，使用户数量回到和上月相同的水平**

基于这个假设，让我们整理一下分析的过程。

1. 《黑猫拼图》游戏的用户数量相比上月减少了　（事实）
2. 某些用户群的用户数量减少了　（假设）
3. 针对该用户群制定相应的措施，使用户数量回到和上月相同的水平　（解决方案）

为了完成这个方案，需要调查一下《黑猫拼图》游戏的销售额构成。在上一章中，针对销售额减少的问题，我们猜测原因可能是商业宣传活动减少了，并在随后的数据分析中验证了上述猜测是否正确。这种分析方式称为“验证型数据分析”。而在本章中，我们只知道“存在问题”，却无法轻易找到原因。也就是说，本例中无法事先猜测问题出现的原因，而是需要通过数据分析来探索原因所在，这种方式称为“探索型数据分析”。从其他行业的数据分析师口中也了解到，不管什么企业，对“探索型数据分析”和“验证型数据分析”的需求大约各占一半。本章将主要关注占二分之一的“探索型数据分析”。

为了能够通过数据明确问题，我们需要下面的数据。

- DAU（Daily Active User，每天至少来访 1 次的用户数据）
- user_info（用户属性数据）

● DAU

数据内容	数据类型	R 语言中的标识
访问时间	string（字符串）	log_data
应用名称	string（字符串）	app_name
用户 ID	int（数值）	user_id

● user_info

数据内容	数据类型	R 语言中的标识
首次使用日期	string（字符串）	install_data
应用名称	string（字符串）	app_name
用户 ID	int（数值）	user_id
性别（女性、男性）	string（字符串）	gender
年龄段（10、20、30、40、50）	int（数值）	generation
设备类型（iOS、Android）	string（字符串）	device_type

这里的数据基本都来自于日志，即使没有数据分析的需求，每天也都持续积累着。

总之我们已经确定了需要分析哪些数据，下一步就该考虑如何收集这些数据了。本次的情况和上一章一样，所有数据都存在服务器上，只需将其读入处理即可。

⇨ R-CODE 04-01

● DAU

	访问时间	应用名称	用户 ID
1	2013 年 8 月 1 日	《黑猫拼图》	33754
2	2013 年 8 月 1 日	《黑猫拼图》	28598
3	2013 年 8 月 1 日	《黑猫拼图》	30306
4	2013 年 8 月 1 日	《黑猫拼图》	117
5	2013 年 8 月 1 日	《黑猫拼图》	6605
6	2013 年 8 月 1 日	《黑猫拼图》	346
…	…	…	…

我们以第 1 行数据为例来介绍一下数据的内容。该行数据表示“2013 年 8 月 1 日 ID 为 33754 的用户访问了《黑猫拼图》游戏”。每天到访的用户 ID 都收集在这个数据中。

● user.info

	首次使用日期	应用名称	用户 ID	性别	年龄段	设备类型
1	2013 年 4 月 15 日	《黑猫拼图》	1	男性	40~49 岁	iOS
2	2013 年 4 月 15 日	《黑猫拼图》	2	男性	10~19 岁	Android
3	2013 年 4 月 15 日	《黑猫拼图》	3	女性	40~49 岁	iOS
4	2013 年 4 月 15 日	《黑猫拼图》	4	男性	10~19 岁	Android
5	2013 年 4 月 15 日	《黑猫拼图》	5	男性	40~49 岁	iOS
6	2013 年 4 月 15 日	《黑猫拼图》	6	男性	40~49 岁	iOS
7	2013 年 4 月 15 日	《黑猫拼图》	7	女性	30~39 岁	Android
8	2013 年 4 月 15 日	《黑猫拼图》	8	女性	20~29 岁	iOS
…	…	…	…	…	…	…

接下来是 user.info 数据。这个数据集包含了首次使用日期、应用名称、用户 ID、性别、年龄段、所使用的手机终端类型这些用户属性数

据。例如数据的第 1 行表示“在 2013 年 4 月 15 日，ID 为 1、年龄段在 40~49 岁的男性用户使用 iOS 手机终端首次访问了《黑猫拼图》游戏”。

数据加工

在像本例这样探索原因的数据分析中，大多是将某个状态的数据（结果数据）和用户的属性信息（原因数据）合并起来，从而得知哪些属性（原因）可能导致哪种状态（结果）。因此我们将上述两种数据合并起来。

⇨ R-CODE 04-02

● 把DAU数据和user.info数据合并起来

	用户ID	应用名称	访问时间	首次使用日期	性别	年龄段	设备类型
1	1	《黑猫拼图》	2013/9/6	2013/4/15	男性	40~49 岁	iOS
2	1	《黑猫拼图》	2013/9/5	2013/4/15	男性	40~49 岁	iOS
3	1	《黑猫拼图》	2013/9/28	2013/4/15	男性	40~49 岁	iOS
4	1	《黑猫拼图》	2013/9/12	2013/4/15	男性	40~49 岁	iOS
…	…	…	…	…	…	…	…
29	1	《黑猫拼图》	2013/9/2	2013/4/15	男性	40~49 岁	iOS
30	10002	《黑猫拼图》	2013/8/27	2013/5/22	女性	10~19 岁	Android
31	10002	《黑猫拼图》	2013/8/25	2013/5/22	女性	10~19 岁	Android
32	10002	《黑猫拼图》	2013/9/9	2013/5/22	女性	10~19 岁	Android
33	10003	《黑猫拼图》	2013/8/5	2013/5/22	女性	10~19 岁	iOS
34	10005	《黑猫拼图》	2013/8/11	2013/5/22	女性	10~19 岁	Android
35	10017	《黑猫拼图》	2013/9/14	2013/5/22	女性	30~39 岁	iOS
…	…	…	…	…	…	…	…

这里我们在 user.info 的属性数据中追加了 DAU 中各个用户的访问日期信息。这样一来，用户是否使用了该应用的信息和用户自身的属性信息都被归纳到了同一个数据表中。

4.4 数据分析

由于在之前的处理中，我们将包含用户访问情况的 DAU 数据和包含用户属性的 user.info 数据进行了合并，因此接下来就可以对上述数据进行因果关系的分析了。为了弄清楚哪种属性的用户群人数比上月减少了，我们对数据进行交叉列表统计，如果发现了可能是问题原因的属性，就将其可视化。

进行因果关系的分析时，具体来说有以下几步。

1. 用户群分析（对每个用户群进行交叉列表统计）
2. 将已明确的用户群数据可视化

对每个用户群进行交叉列表统计（用户群分析）

● 用户群分析（性别）

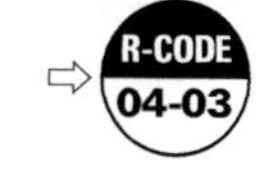

访问月份	性别	
	女性	男性
2013 年 8 月	47343	46824
2013 年 9 月	38027	38148

通过上表就可以看出性别的影响。比较 2013 年 8 月和 9 月男女用户的数量，可以看出虽然整体上用户数量在下降，但用户的男女构成比例大体没有变化。由此可以判断性别属性对用户数量下降的影响很小。

接着我们考虑年龄段属性的影响，并统计出各个年龄段用户数的变化情况。

R-CODE 04-04

● **用户群分析（年龄段）**

访问月份	年龄段				
	10~19岁	20~29岁	30~39岁	40~49岁	50~59岁
2013年8月	18785	33671	28072	8828	4829
2013年9月	15391	27229	22226	7494	3835

通过比较2013年8月和9月的数据，我们可以看到无论是哪个年龄段，在整体用户数量中所占的比例都没有发生大的变化，也没有发现哪个年龄段的用户数大量减少了。这里我们需要再进一步细分，看看是否某个性别下的某个年龄段的用户数量减少了。也就是说，将性别和年龄段属性组合起来进行交叉列表统计。像这样将交叉列表统计的分析轴组合起来的方法称为n重交叉列表统计。这里我们将性别和年龄段组合起来，形成2重交叉列表统计。

R-CODE 04-05

● **用户群分析（性别×年龄段）**

访问月份	女性					男性				
	10~19岁	20~29岁	30~39岁	40~49岁	50~59岁	10~19岁	20~29岁	30~39岁	40~49岁	50~59岁
2013年8月	9091	17181	14217	4597	2257	9694	16490	13855	4231	2572
2013年9月	7316	13616	11458	3856	1781	8075	13613	10768	3638	2054

通过将性别和年龄段进行交叉组合，形成了20~29岁女性、30~39岁女性等新的分析轴。通过观察统计数据，我们发现各个用户群的用户数量整体都下降了，但每个用户群所占的比例大体没变，也没有发现哪个用户群的数量急剧下降。

下面我们需要考虑的是用户所使用的设备的差异。

● 用户群分析（设备）

访问月份	设备	
	Android	iOS
2013 年 8 月	46974	47211
2013 年 9 月	29647	46528

结果是使用 iOS 设备的用户数略有下降，而使用 Android 的用户却大量减少了，因此这个用户群的分析很可能就是解决该问题的关键。

为了更详细地看到上述数值的差异，我们可以生成以天为单位的时间序列图，据此来确认用户数的变化程度。

COLUMN

交叉列表统计

交叉列表统计是将有因果关系的二者组合起来进行统计分析的方法。比如考虑“30~39 岁的女性用户和 20~29 岁的男性用户的行为有何差异”等，像这样对两种用户属性和行为结果之间关系进行统计，我们称为 2 重交叉列表统计。2 重交叉列表统计在大多数工作中经常会用到。以此类推，对由两类以上的用户属性组合起来形成的复合属性的因果关系进行分析，就称为多重（n 重）交叉列表统计。

为了通过数据分析得到想要的结果，找出哪些用户属性对期望的用户行为（比如“购买”）影响最大，或者哪些用户属性的影响较小才是最为重要的。要想找出这些属性，首先需要和业务负责人讨论。然后，通过数值比较快速确认对“期望的用户行为”=“结果”有较大影响的“用户属性”=“原因”（比如性别、年龄等）。在这一点上，交叉列表统计是一种非常有效的方法。如果我们能够找出对结果有较大影响的属性组合，那么就可以采取行动，将其列为重点经营的地方。

由上可知，交叉列表统计在商业中有着广泛的用途。不单是数据分析人员，其他职务的员工也经常使用。当需要对收集的数据加以解读时，首先为了对数据整体有一个初步的了解，通常会对数据进行单纯的统计，或者作出柱状图。如果是需要分析数据的变化趋势或者像上面那样通过复合属性来发掘因果关系，那么仅对数据的属性分别进行交叉列表统计，就可以得到十分有用的结论。

交叉列表统计可以使用 Excel 的数据透视表功能来实现，但是当需要生成大量的交叉统计表或者多重的交叉统计表时，使用 Excel 会非常麻烦。当需要知道所有属性和结果的因果关系时，用 Excel 去处理会耗费大量的时间，因此这种情况下就会经常使用应用性较强的 R 语言。

将用户群分析结果可视化

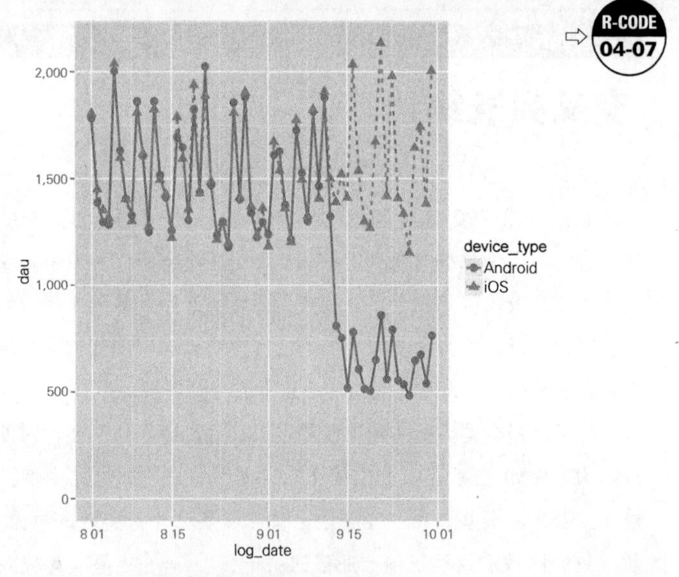

不同类型设备的用户数变迁

为了确定每种设备用户数在时间序列上的变化情况，我们利用时间序列图将数据可视化，并得出了显而易见的结论。上图的横轴表示访问日期，纵轴表示访问次数，两条曲线分别表示 iOS 和 Android 设备的访问次数随时间的变化情况。

可以看出，iOS 的用户数和之前大体相同，而 Android 的用户数从 9 月的第 2 周开始急剧减少。

4.5 解决对策

虽说本例是一种探索型数据分析，但在这种情况下，经常回顾事先提出的假设，确认数据分析的出发点，对提升工作效率也依然非常重要。在数据分析中，如果对数据进行深度考察，往往会没有止境，导致在不必要的分析上花费很多时间。为了防止这种情况的发生，重要的是在数据分析之前建立假设，并每次参照这个假设进行分析，那么我们再来看看本例中事先建立的假设。

1.《黑猫拼图》游戏的用户数量相比上月减少了（事实）
2. 某些用户群的用户数量减少了（假设）
3. 针对该用户群制定相应的措施，使用户数量回到和上月相同的水平（解决方案）

根据上述假设，我们将之前数据分析的结果总结如下。

1.《黑猫拼图》游戏的用户数量相比上月减少了（事实）
2. 使用 Android 手机的用户群数量显著减少了（事实）
3. 弄清楚 Android 手机端的问题，并制定相应的改善策略，使用户数量回到和上月相同的水平（确信度较高的解决方案）

根据分析的结果，和游戏开发部门确认后，得知 9 月 12 日 Android 版应用进行了一次版本升级。给他们看了数据后，被告知已确认某些机型在测试中没有问题，但是不能确定旧的机型是否也能够通过测试。于是，我们将用户数减少的机型数据导出，并再度咨询他们的意见，发现这些机型的共同点是都安装了旧版本的 Android 系统。当这些机型中的应用升级后，用户就无法登录游戏了。于是，公司紧急修复了这个版本的系统。

我们将整件事情向社交游戏事业部的部长做了汇报，部长高兴地对我们的工作表示了感谢："你们利用数据找出了问题的原因，还给出了具体的解决方案，真是非常感谢啊。"

4.6 小结

本章我们利用交叉列表统计进行了用户群的分析。

我们抓住和上月相比用户数减少了这样一个问题，探究了这个问题的原因。同上一章一样，在进行数据分析之前，尽可能地听取了相关部门的意见，并掌握了一定的事实依据。但即便如此，也会有无法找出问题原因的情况。

在本章的示例中，出现了不好的现象却无法找出原因，需要我们找出到底是哪里出了问题，这就是探索型数据分析。在验证过程中会伴随很多次失败的尝试，因此需要根据最初的假设，进一步深挖数据，不断探究问题的原因所在，这才是最重要的。

另外，数据分析的委托方最好能够和数据分析师分享问题可能的原因，这样能够提高数据分析的效率，有助于早日解决问题。

分析流程	第 4 章中数据分析的成本
现状和预期	低
发现问题	中
数据的收集和加工	低
数据分析	高
解决对策	低

4.7 详细的R代码

读入 CSV 文件

R-CODE 04-01

```
# 读入CSV文件
dau <- read.csv("section4-dau.csv", header = T, stringsAsFactors = F)
head(dau)
user.info <- read.csv("section4-user_info.csv", header = T,
stringsAsFactors = F)
head(user.info)
```

利用 `read.csv` 函数将下面的第一段数据读入到 `dau` 数据存储空间里，这样每天访问该应用的用户 ID 就全部读入了。

然后是 `user.info`。这里包含了各个用户的属性数据，其中包括首次使用日期、应用名称、用户 ID、性别、年龄段、使用的移动终端类型。例如，第 1 行的数据表示在 2013 年 4 月 15 日首次使用 `game-01` 应用的用户 ID 是 1，该用户是一名男性用户，年龄在 40~49 岁，使用的是 iOS 的移动终端。

● DAU

```
##      log_date app_name user_id
## 1 2013-08-01  game-01   33754
## 2 2013-08-01  game-01   28598
## 3 2013-08-01  game-01   30306
## 4 2013-08-01  game-01     117
## 5 2013-08-01  game-01    6605
## 6 2013-08-01  game-01     346
```

⇒ 在2013年8月1日，ID 为33754的用户使用了 game-01

● user.info

```
##   install_date app_name user_id gender generation device_type
## 1   2013-04-15  game-01       1      M         40         iOS
## 2   2013-04-15  game-01       2      M         10     Android
## 3   2013-04-15  game-01       3      F         40         iOS
## 4   2013-04-15  game-01       4      M         10     Android
## 5   2013-04-15  game-01       5      M         40         iOS
## 6   2013-04-15  game-01       6      M         40         iOS
```

⇒ 用户 ID 为 1、年龄在 40~49 岁、使用 iOS 的男性使用了 game-01

合并 DAU 和 user.info 的数据

R-CODE 04-02

```
# 将DAU数据和user.info数据合并
dau.user.info <- merge(dau, user.info, by = c("user_id", "app_
name"))
head(dau.user.info)
```

merge 函数用于合并 dau 和 user.info 这两个数据。

```
##   user_id app_name   log_date install_date gender generation device_type
## 1       1  game-01 2013-09-06   2013-04-15      M         40         iOS
## 2       1  game-01 2013-09-05   2013-04-15      M         40         iOS
## 3       1  game-01 2013-09-28   2013-04-15      M         40         iOS
## 4       1  game-01 2013-09-12   2013-04-15      M         40         iOS
## 5       1  game-01 2013-09-11   2013-04-15      M         40         iOS
## 6       1  game-01 2013-09-08   2013-04-15      M         40         iOS
```

这样就在 user.info 的用户属性信息里增加了 DAU 中关于用户访问日期的信息。由于用户是否使用了该应用的信息和用户自身的属性信息已经被归纳到同一个数据集里，因此下面就可以进行数据分析了。

用户群分析（按性别统计）

```
# 增加一列表示月份
dau.user.info$log_month <- substr(dau.user.info$log_date, 1, 7)
table(dau.user.info[, c("log_month", "gender")])
```

首先使用 substr 函数从按日统计的数据 log_date 中提取出年份和月份的信息。在进行交叉列表统计时，需要用到 table 这个函数。

输入 **table(AAA[,c("XX","YY")])**，将 AAA 数据的属性 XX 和 YY 进行交叉列表统计并输出。

交叉列表统计就是计算各个属性下有多少样本数，是数据分析中最初级的一种分析。

```
##              gender
## log_month     F     M
##    2013-08   47343 46842
##    2013-09   38027 38148
```

通过上述内容可以看出性别这一用户群的影响。通过比较 2013 年 8 月和 9 月男女用户的数量，可以看出两个用户群的数量都下降了，但各自的构成比例却大体上没有发生变化，所以性别这个属性对现在的问题影响不大。

用户群分析（按年龄段统计）

```
table(dau.user.info[, c("log_month", "generation")])
```

```
##           generation
## log_month    10    20    30    40    50
##   2013-08 18785 33671 28072  8828  4829
##   2013-09 15391 27229 22226  7494  3835
```

这里也是比较上下两行的数值，可以看出在 8 月和 9 月，无论哪个年龄段的用户，所占总用户的比例大体上都没有变化，没有发现哪个年龄段的用户数大量减少了。

用户群分析（按性别 × 年龄段统计）

```
library(reshape2)
dcast(dau.user.info, log_month ~ gender + generation, value.var =
    "user_id", length)
```

要想进行 *n* 重交叉列表统计，需要使用 reshape2 库。reshape2 库提供了各种数据前期处理所需的工具，深受数据分析师喜爱。这里我们使用的就是这个库中的 dcast 函数。

输入 **dcast(AAA,XX~YY+ZZ,value.var="CCC",length)**，对数据 AAA 中的 XX（纵轴）和 YY × ZZ（横轴）进行交叉列表统计。后面的 value.var="CCC",length 表示这个交叉列表中的数值为相应的 CCC 的个数。

```
##   log_month F_10  F_20  F_30 F_40 F_50 M_10  M_20  M_30 M_40 M_50
## 1   2013-08 9091 17181 14217 4597 2257 9694 16490 13855 4231 2572
## 2   2013-09 7316 13616 11458 3856 1781 8075 13613 10768 3638 2054
```

通过观察上述结果可以看到，上面的分析是以性别和年龄段的交叉属性作为分析轴的。通过“gender + generation”这样的方式来指定性别和年龄段的结合，将这两种属性通过“_”连接起来，并生成了分析轴。

通过观察统计的数据，可以看出这里每个用户群的用户数量都减少了，所占的比例也大体没有变，并没有发现哪个用户群的人数大量减少了。

用户群分析（按设备统计）

最后我们来分析用户使用的移动终端，对设备的类型进行交叉列表统计。

```
table(dau.user.info[,c("log_month","device_type")])
```

```
##             device_type
## log_month   Android   iOS
##    2013-08    46974  47211
##    2013-09    29647  46528
```

⇒ 相比iOS用户，9月份Android用户的数量比8月急剧减少

结果我们发现，9月的iOS用户数相比8月下降幅度很小，然而Android用户数却极大地减少了，因此问题很可能就出自这个用户群了。

用户群分析结果的可视化

```
# 按照日期和设备类型计算用户数
library(plyr)
dau.user.info.device.summary <- ddply(dau.user.info, .(log_date,
device_type), summarize, dau = length(user_id))

# 变换日期类型
dau.user.info.device.summary$log_date
 <- as.Date(dau.user.info.device.summary$log_date)

# 画出时间序列趋势图
library(ggplot2)
library(scales)

limits <- c(0, max(dau.user.info.device.summary$dau))
ggplot(dau.user.info.device.summary, aes(x=log_date, y=dau,
col=device_type, lty=device_type, shape=device_type)) +
  geom_line(lwd=1) +
  geom_point(size=4) +
  scale_y_continuous(label=comma, limits=limits)
```

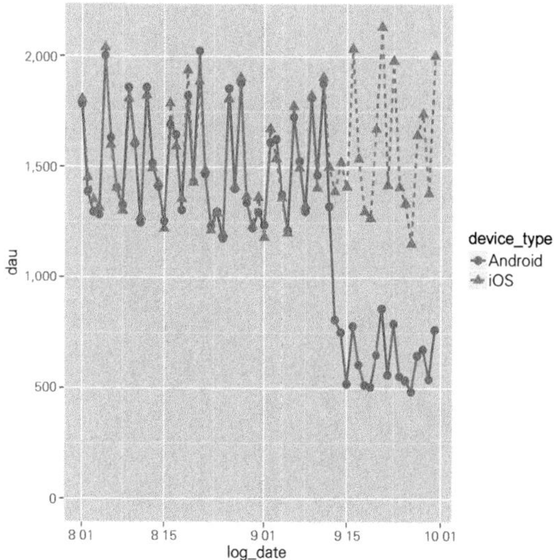

从上图可以看出，之前 iOS 和 Android 的用户数大体相当，但是从 9 月的第 2 周开始，Android 用户数急剧减少。

第5章

案例 ❸—A/B 测试

哪种广告的效果更好

广告的A/B测试

某个促销活动每月都会开展一次，但和公司内其他类似的促销活动相比，该促销活动的用户购买率比较低。通过调查用户购买率低的原因，发现问题可能出在促销活动的广告上。于是我们准备了两种不同的广告，来验证哪种广告能够带来更高的用户购买率。那么我们应该如何来比较呢?

5.1 现状和预期

促销活动的购买率低

在《黑猫拼图》游戏中，公司每月都会开展游戏装备的促销活动。虽然这种促销活动是一种销售比率很高的重要经营策略，然而公司的经营层却指出“虽然促销活动的销售额较高，但购买率却比较低”。实际上，通过和其他应用的促销活动相比较，我们发现《黑猫拼图》游戏的促销活动的购买率确实偏低。

因此，我们希望能够通过数据分析找出购买率偏低的原因，改善这种状况。

促销活动广告的点击率比较（《黑猫拼图》/ 公司其他应用）

应用名称	购买率
《黑猫拼图》	6%
应用 A	12%
应用 B	12%

整理现状和预期

首先，我们来整理一下问题的现状和预期。目前的现状是：和其他应用的促销活动相比，《黑猫拼图》的游戏装备促销活动的购买率偏低。针对这个问题，我们的预期是弄清楚购买率偏低的原因，并确保和其他应用的促销活动有相同的购买率。

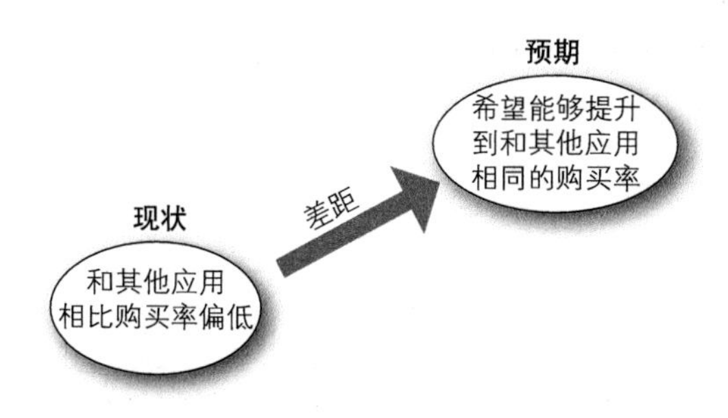

第 5 章中的现状和预期

5.2 发现问题

和其他应用有何不同

首先，为了明确现状和预期之间的差距，我们需要从大的视角出发来思考《黑猫拼图》游戏和其他应用有何不同，并尝试做出假设。

1. 游戏装备促销活动的内容有问题

⇒ 销售的游戏装备并不是用户需要的

⇒ 促销打折的力度不够，对用户没有太大吸引力

2. 广告的外观展示有问题

总之我们先做出上述两种假设。首先针对第 1 个假设，我们咨询了《黑猫拼图》游戏的策划部门，并从那里得到了如下反馈。

- **游戏装备促销活动中出售的游戏装备或许能够用得上**
- **和其他应用一样，促销时的游戏装备打五折，这从用户的立场来看是很划算的**

之后，我们统计了在促销期间出售的游戏装备的使用情况，发现这些装备是当时最常被使用的装备，用户对这些装备是有需求的。也就是说，上述第 1 个假设中的问题基本不大。

我们再来考虑第 2 个假设。为了获得和第 2 个假设相关的信息，我们咨询了负责《黑猫拼图》游戏市场营销的部门，并从那里得到了如下反馈。

- **游戏装备大促销的广告都是由各个应用的设计师负责的，所以广告的质量也是参差不齐**
- **《黑猫拼图》游戏的广告的点击率一直比较低（参考下表）**

这次的问题恐怕就是第 2 个假设造成的。因此，这次我们将提升广告的点击率作为课题来进行数据分析。

促销活动广告的点击率比较（《黑猫拼图》/ 公司其他应用）

应用名称	购买率
《黑猫拼图》	6%
应用 A	12%
应用 B	12%

5.3 数据的收集和加工

探讨验证方法

我们来总结一下本案例的问题和解决方案。

问 题

- 《黑猫拼图》游戏的广告点击率比其他应用低 （事实）
- 《黑猫拼图》游戏的广告设计有问题 （假设）

解决方案

- 用点击率高的广告替换目前所使用的广告 （解决方案）

为了完成上述方案，需要找到哪种广告更容易被点击。但是，在《黑猫拼图》游戏中，之前每月开展的“游戏装备大促销”活动的广告一直都没有变更过，因此我们缺少可供分析的数据。

于是，我们准备了两个不同的广告，通过收集数据来比较哪个广告更容易被用户点击。

■如果采用前后比较的方法，则无法排除外部因素的干扰

如果要比较两个广告哪个更好，该怎么做呢？首先想到的是前后比较的方法。如下图所示，在前一段时间内投放广告A，在后一段时间内投放广告B，并比较前后两个时间段广告投放的效果。

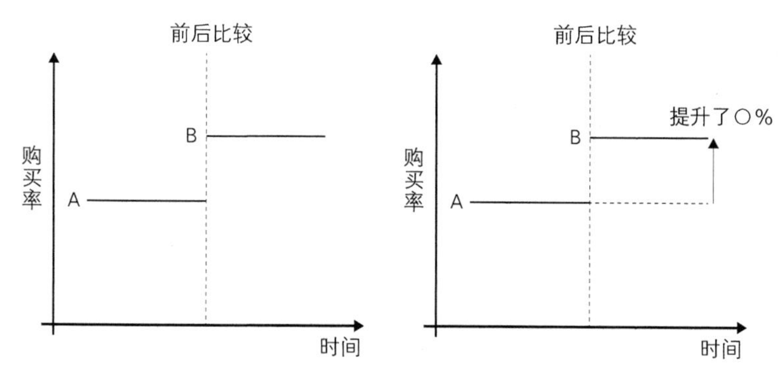

广告的前后比较

在这种情况下，广告 A 和广告 B 的比较如右图所示，其思路是“如果继续投放广告 A，购买率应该是这样”，然后拿这个值和广告 B 的值进行比较。

然而，这种做法真是正确的吗？

比如，在投放广告 A 和广告 B 的时间里：

- **投放广告 B 的时候是购买率比较容易提升的时候**
- **投放广告 B 的时候，某个宣传活动获得了巨大成功**
- **投放广告 B 的时候，在 TVCM 的放映或者电视节目中介绍了《黑猫拼图》游戏**
- **投放广告 A 的时候……**

如上所示，本来我们只是希望比较广告 A 和广告 B 这二者的效果，然而中间却出现了各种外部因素的干扰。如果是外部因素导致的购买率提升，那么就有可能像下图一样，即使继续投放广告 A，购买率也会提升。这样的话就很难知道前后购买率差异的原因到底是什么了。

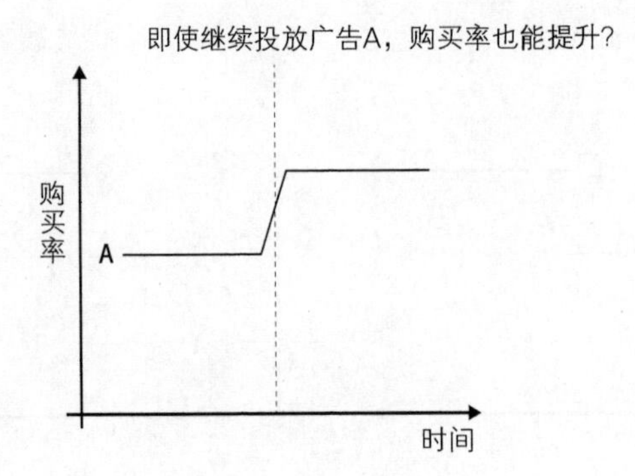

■采用A/B测试的方法排除外部因素干扰

针对这种情况，一种便利的验证方法是 A/B 测试。A/B 测试能够在多个选项中找出那个能够带来最佳结果的选项。例如，如下图所示，我们只要同时投放广告 A 和广告 B，就可以排除之前所说的外部因素的干扰。

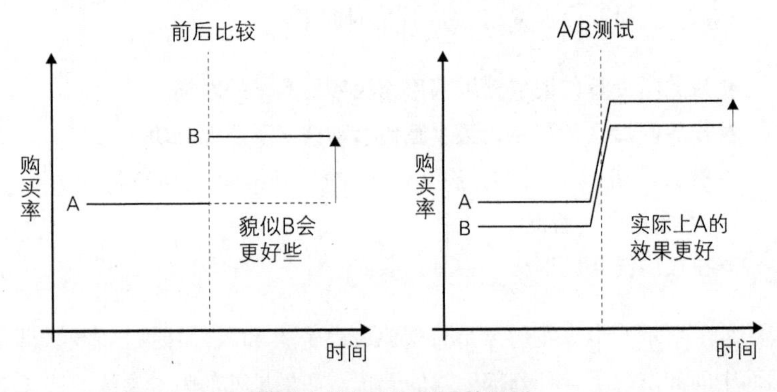

前后比较和 A/B 测试的不同

A/B 测试虽然在引入时需要较高的开发成本，但是实施成本却相对较低，而且也方便收集统计数据，因而在互联网业界被广泛使用，此外在部分广告业和制造业中也会被采用。例如，某个厂家生产了 A 和 B 两种产品并同时出售，通过收集销售数据来验证哪个产品更容易被目标用户群体接受。虽然在这种情况下进行 A/B 测试的成本较高，但由于能够针对同一时期的同一目标用户群体进行因果关系分析，因此有着广泛的应用。

■A/B测试中的用户分组必须遵循随机的原则

在进行 A/B 测试时，首先需要将用户分到 A 组或 B 组中，然后给 A 组的用户投放广告 A，给 B 组的用户投放广告 B，再比较两组用户的购买率。其中需要注意的是如何进行分组，比如按照如下方法来分组如何？

- **A 组：男性**
- **B 组：女性**

按照这样的分法，或许可以排除诸如时间因素、游戏内的各种活动、TVCM 等的影响，但是男性用户和女性用户本身在游戏中的消费倾向就有可能存在差异。另外，虽说可以排除 TVCM 的影响，但是由于男女用户在观看电视节目的时间和喜好等方面存在差异，因此这些都有可能对最终的结果产生影响。

总之，需要保证分组后的两组不能有类似于“男女”这种条件性的差异。进行 A/B 测试最初的目的就是要排除广告以外的因素的影响，单纯比较广告内容方面的差异。

要想避免条件性的差异，最简单的一种分组方法就是把用户 ID 对某个数进行取模运算。如果使用这种方法，那么下列条件就都能够均匀地散布在两个组中。

- **性别**
- **年龄段**
- **应用安装时间**

■同时进行多个A/B测试时的陷阱

A/B 测试是将测试对象随机分为 A、B 两组，然后比较两组之间差异的验证方法，但是有的企业会在同一时间开展多个 A/B 测试。在这种情况下，就算这些 A/B 测试各自使用了上述方法来对用户进行分组，彼此之间仍有可能相互干扰。下面我们来举几个测试失败的案例。

① 所有的 A/B 测试都采用相同的分组方法

② 各组中参与其他测试的用户比例不同

①例中，因为所有测试使用的都是相同的分组方法，所以就算两组的表现有差异，也不可能知道这种差异到底是由哪个测试引起的。而在②例中，虽说是随机分组的，但实际上各组中参与其他测试的用户比例互不相同，此时也会出现测试项目以外的条件性差异。在这种情况下，我们需要事先考虑分组时如何才能不包含已参与其他测试的用户，这样测试结果才可信。然而，受到其他测试的分组方法的影响，这样做可能也会遇到困难。例如，如果通过**对某个数值取模看余数是否为 1** 来划分用户，那么我们很容易找到不在该用户组里的其他用户。然而，如果是通过指定取值范围而得到的用户组，比如说**对某个值取模余数为 1~5** 的用户，则很难得到不与这个用户组发生重叠的分组。

在这种情况下，就需要错开各个测试的实施时间，或者事先比较 A 组和 B 组的 KPI（Key Performance Indicator，关键绩效指标）的变化，确认没有差异后再测试。在社交游戏中，一般的 KPI 有 PV（访问次数）、DAU（每日活跃用户数）、ARPU（人均消费金额）、持续率、付费率等。

■利用统计学上的假设检验来过滤

不光是在 A/B 测试中，平时当我们需要判断两组之间是否存在差异时，都可以用到统计学上的“假设检验”。

- **即使考虑到用户数（样本数）较少导致的偏差，也依然可以说两组间存在差异吗**

要确认这一点，这就需要用到假设检验的方法。在用户数（样本数）较多的情况下，大多数的结果都是“存在显著性差异”。

那么，“用户数较少导致的偏差”指的是什么呢？比如，两组都只有 5 人，本来两组间不存在购买率的差异，但现在其中一组的某个用户偶然做出了下述行为：

- **平常从来不买，但这次却偶然买了**
- **平常经常购买，但这次却偶然没有购买**

那么该用户的这种偶然的行为就会给两组带来差异。在用户数较少的情况下，某一个用户的偶然行为都可能对结果造成较大的影响。但当用户数增多时，这种影响就会逐渐消失。因此，使用假设检验时，人数越多，越容易得出“存在显著性差异”的结论。

然而，即使“存在显著性差异”，这种差异在商业领域也未必有意义。尤其是在大数据盛行的现在，由于数据量的增大，假设检验中“用户数较少导致的偏差”已经很小了，因此我们很难再断言“不做假设检验就不知道是否存在显著性差异”的那些差异还有意义。

尽管如此，万一出现了“看上去像是有差异，而实际上不是显著性差异”的情况还是很麻烦的，因此我们需要通过假设检验来过滤出显著性差异。这里并不是说只要“通过假设检验找出差异”就可以了，而是要“先通过假设检验找出有统计意义的差异，再探讨这个差异在商业活动中是否有意义”。

收集和加工验证所需要的数据

■A/B测试的日志输出

确定了验证方法之后，接着就要考虑如何收集数据了。前面说过，现在我们还没有任何可用的数据，所以需要和《黑猫拼图》游戏的开发人员协商，请他们输出如下日志，以方便我们进行 A/B 测试。

- ab_test_imp（关于广告曝光次数的信息）
- ab_test_goal（关于广告点击次数的信息）

具体的数据如下所示。

● ab_test_imp

数据内容	数据类型	R 语言中的标识
广告曝光日期	string（字符串）	log_date
测试名	string（字符串）	test_name
测试用例（A 或 B）	string（字符串）	test_case
用户 ID	int（数值）	user_id
事务 ID	int（数值）	transaction_id

● ab_test_goal

数据内容	数据类型	R 语言中的标识
广告点击日期	string（字符串）	log_date.g
测试名	string（字符串）	test_name.g
测试用例（A 或 B）	string（字符串）	test_case.g
用户 ID	int（数值）	user_id.g
事务 ID	int（数值）	transaction_id

※ 事务 ID：广告曝光时生成的 ID 号，可以作为 key 来合并曝光日志和点击日志。

■分析前的数据加工

为了方便 A/B 测试的分析，我们需要将上述两份日志合并起来。具体可按如下步骤对数据进行加工。

⇨ R-CODE 05-01 ~ R-CODE 05-02

1. **将广告的曝光次数信息和点击次数信息合并起来**
2. **生成一个新的标志位来标识该条记录是否被点击**

● 完成上述处理后的数据

事务 ID	曝光日期	测试用例	用户 ID	是否被点击
1	2013 年 10 月 2 日	A	49017	No
2	2013 年 10 月 2 日	B	49018	No

（续）

事务 ID	曝光日期	测试用例	用户 ID	是否被点击
3	2013 年 10 月 2 日	A	44338	No
…	…	…	…	…
35	2013 年 10 月 2 日	B	36098	No
36	2013 年 10 月 2 日	B	35315	Yes
37	2013 年 10 月 2 日	A	20963	No
…	…	…	…	…
42	2013 年 10 月 2 日	A	49776	No
43	2013 年 10 月 2 日	B	49026	Yes
44	2013 年 10 月 2 日	A	48723	No
…	…	…	…	…

5.4 数据分析

弄清楚 A 和 B 的点击率是否存在显著性差异

在准备好各种分析所需的数据后，我们来统计一下 A 和 B 两个广告的点击率，以确认哪个广告的效果更好。

⇨ R-CODE 05-03

	点击率
A	0.08026
B	0.11546

观察 A 和 B 的点击率，我们发现 A 的点击率为 0.08026，大约是 8%，而 B 的点击率为 0.11546，大约是 12%。在探讨这二者的差异之前，首先需要对其进行假设检验。像本例这样，针对两种广告点击情况的差异来进行假设检验，一般采用的是卡方检验。

⇨ R-CODE 05-04

针对上例进行卡方检验，其结果的 p 值为 2.2e−16，也就是 2.2×10^{-16}，是一个非常小的数值。p 值越接近于 0 差异性越大。通常来说，当 p 值小于 0.05 时，称为“存在显著性差异”。至于为什么是“0.05”，各个领域对这个问题都有讨论，请读者自行参考其他的专业书籍。在本例中，由于 p 值非常接近于 0，因此我们可以说：在将两种广告分为 A 和 B 并同时投放后，所得到的点击率存在显著性差异。

广告 A 和 B 的点击率的时间序列变化的可视化

在确认了二者“存在显著性差异”后，我们再来看这种差异在商业领域里是否有意义。在本例中，原来广告的点击率只有 6%，而其他应用的广告的点击率为 12%。为了填补这个差异，我们进行了测试。通过观察结果可以发现广告 B 的点击率达到了大约 12%，基本上达到了我们的目的，因此在商业领域里这也是一个有意义的差异。最后，我们再确认一下点击率的时间序列变化情况。在时间序列图中，如果广告 B 的效果始终都比广告 A 好的话，那就没有问题，但是如果只是在某个时间段内广告 B 的效果更好，那就需要考虑是否存在别的原因了。将广告的点击率变化反映在散点图上，如下图所示。

⇨ R-CODE 05-05 ~ R-CODE 05-06

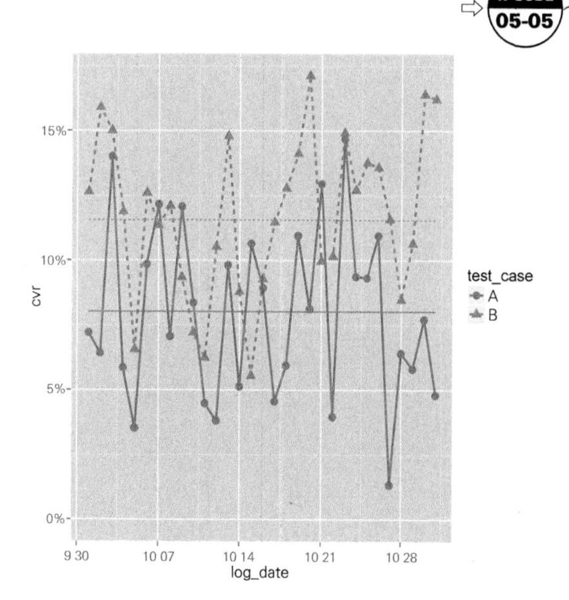

广告 A 和广告 B 的点击率的时间序列变化

通过上图可知，广告 B 的点击率在大多数时候都优于广告 A。所以总的说来，广告 B 的效果始终都比广告 A 好。

也就是说，正是因为我们改变了所投放的广告，所以点击率也随之发生了变化。

5.5 解决对策

分析的结果是，广告 B 比广告 A 更容易被用户点击，因此我们需要在《黑猫拼图》游戏里投放广告 B。今后，我们可以继续通过这种 A/B 测试的方式来找到最合适的广告。

5.6 小结

本章中我们使用 A/B 测试对广告进行了分析。

本章围绕《黑猫拼图》游戏装备大促销活动中购买率比其他应用低的问题，通过咨询相关部门，明确了造成这个问题的原因是广告的点击率较低。

另外，本例中起初并没有可用于分析的数据，所以我们通过 A/B 测试来收集其中的日志并获取分析用的数据。在 A/B 测试上线后，计算得到广告 A 和广告 B 的点击率，并对其进行了卡方检验。

结果显示，广告 B 比广告 A 更容易被用户点击，因此此次在《黑猫拼图》游戏中应使用广告 B。而且今后我们可以按照该流程，继续使用 A/B 测试来寻找最合适的广告。

分析流程	第 5 章中数据分析的成本
现状和预期	低
发现问题	中
数据的收集和加工	高
数据分析	低
解决对策	低

5.7 详细的 R 代码

合并 ab.test.imp 和 ab.test.goal 的数据

R-CODE 05-01

```
# 读入数据
ab.test.imp <- read.csv("section5-ab_test_imp.csv",header=T,
                        stringsAsFactors=F)
ab.test.goal <- read.csv("section5-ab_test_goal.csv",header=T,
                        stringsAsFactors=F)

# 合并ab.test.imp和ab.test.goal
ab.test.imp <- merge(ab.test.imp, ab.test.goal, by="transaction_
id", all.x=T, suffixes=c("",".g"))
head(ab.test.imp)
```

利用 read.csv 函数将 ab.test.imp 和 ab.test.goal 的数据从 CSV 文件读入到 R 程序里，并将这两种数据通过 merge 函数合并起来。

● ab.test.imp（合并后）

```
##   transaction_id   log_date app_name  test_name test_case user_id
## 1              1 2013-10-02  game-01 sales_test         A   49017
## 2              2 2013-10-02  game-01 sales_test         B   49018
## 3              3 2013-10-02  game-01 sales_test         A   44338
## 4              4 2013-10-02  game-01 sales_test         A   44339
## 5              5 2013-10-02  game-01 sales_test         A   28598
## 6              6 2013-10-02  game-01 sales_test         B   30306
```

```
##   log_date.g app_name.g test_name.g test_case.g user_id.g
## 1       <NA>       <NA>        <NA>        <NA>        NA
## 2       <NA>       <NA>        <NA>        <NA>        NA
## 3       <NA>       <NA>        <NA>        <NA>        NA
## 4       <NA>       <NA>        <NA>        <NA>        NA
## 5       <NA>       <NA>        <NA>        <NA>        NA
## 6       <NA>       <NA>        <NA>        <NA>        NA
```

生成用于标识点击情况的标志位

R-CODE 05-02

```
# 增加点击标志位
ab.test.imp$is.goal <- ifelse(is.na(ab.test.imp$user_id.g),0,1)
head(ab.test.imp)
```

上述代码表示在 ab.test.imp 数据中增加 is.goal 属性。

当属性 user_id.g 的值为空（NA）时，属性 is.goal 赋值为“0”，其他情况下属性 is.goal 赋值为“1”，这样就得到了用于判定是否进行了点击的标志位。

统计点击率

R-CODE 05-03

```
# 计算点击率
library(plyr)

ddply(ab.test.imp, .(test_case), summarize,
    cvr=sum(is.goal)/length(user_id))
```

计算时使用了 plyr 程序包中的 ddply 函数。利用 ddply 函数可以对 ab.test.imp 数据中属性 test_case 的每个取值做统计。通过“点击的人数总和 / 曝光的人数”算出点击率，并记录到属性 cvr 中。

```
##   test_case     cvr   ⇒ 广告A的点击率约为8%、
## 1         A 0.08026     广告B的点击率约为12%
## 2         B 0.11546
```

进行卡方检验

```
#进行卡方检验
chisq.test(ab.test.imp$test_case, ab.test.imp$is.goal)
```

在 R 语言中可以使用 chisq.test 函数来进行卡方检验。

```
##
##  Pearson's Chi-squared test with Yates' continuity correction
##
## data: ab.test.imp$test_case and ab.test.imp$is.goal
## X-squared = 308.4, df = 1, p-value < 2.2e-16  ⇒ p值为2.2×10⁻¹⁶，是
                                                   一个相当小的值
```

算出每个测试用例的点击率

```
# 算出每天每个测试用例的点击率
ab.test.imp.summary <-
  ddply(ab.test.imp, .(log_date, test_case), summarize,
      imp=length(user_id),
      cv=sum(is.goal),
      cvr=sum(is.goal)/length(user_id))

# 算出每个测试用例的点击率
ab.test.imp.summary <-
  ddply(ab.test.imp.summary, .(test_case), transform,
       cvr.avg=sum(cv)/sum(imp))
head(ab.test.imp.summary)
```

ddply 函数是一个高性能的统计工具，应用非常广泛，这里不细说了。在本例中，我们使用 ddply 函数来处理 ab.test.imp 数据，按照 log_date 和 test_case 进行了 3 次统计计算。第 1 次是计算 user_id 数的总和并记录在属性 imp 里；第 2 次是将 is.goal 的总和记录在属性 cv 里；第 3 次是用属性 cv 的值除以属性 imp 的值，并将结果记录在属性 cvr 里。也就是说，我们在这里统计了某一天某个广告被曝光了多少次、被多少用户点击，以及点击率是多少。

然后，通过将函数中的“summarize”替换成“transform”，就可以将统计结果追加到原来的数据中。这里我们将每个 test_case 的点击率追加到了原数据中。

```
##     log_date test_case  imp  cv     cvr cvr.avg
## 1 2013-10-01         A 1358  98 0.07216 0.08026
## 2 2013-10-02         A 1370  88 0.06423 0.08026
## 3 2013-10-03         A 1213 170 0.14015 0.08026
## 4 2013-10-04         A 1521  89 0.05851 0.08026
## 5 2013-10-05         A 1587  56 0.03529 0.08026
## 6 2013-10-06         A 1219 120 0.09844 0.08026
```

可以看到，我们新增加了属性 cvr.avg，并把按照 test_case 统计的结果保存到了数据当中。

在数据都齐备后，下面我们来将数据可视化。

生成每个测试用例的点击率时序图

```
library(ggplot2)
library(scales)

ab.test.imp.summary$log_date <- as.Date(ab.test.imp.summary$log_
date)
limits <- c(0, max(ab.test.imp.summary$cvr))
ggplot(ab.test.imp.summary,aes(x=log_date,y=cvr,
col=test_case,lty=test_case, shape=test_case)) +
  geom_line(lwd=1) +
```

```
geom_point(size=4) +
geom_line(aes(y=cvr.avg,col=test_case)) +
scale_y_continuous(label=percent, limits=limits)
```

跟之前一样，作图仍需使用 ggplot2 工具包。

在使用 ggplot 函数的同时，还可以使用 geom_line、geom_point 等函数来共同生成视图。上面的代码中第 9 行需要特别说明一下：

```
geom_line (aes (y=cvr.avg,col=test_case))
```

通过上述代码可以看出，除了可以在图中描绘出 ggplot 函数指定的变量，其他形式的数据也可以在图中表现出来。

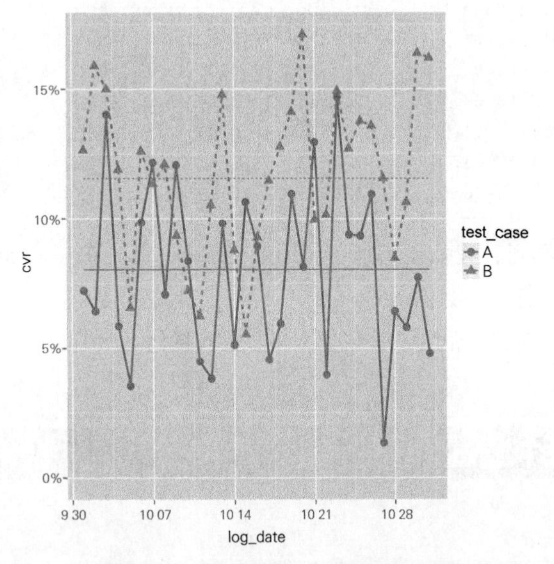

广告 A 和广告 B 的点击率的时间序列变化

第6章

案例④—多元回归分析

如何通过各种广告的组合获得更多的用户

投放传统媒体广告的最优化问题

到目前为止我们已经在互联网上投放了《黑猫拼图》游戏的广告。但为了获得更多的用户，我们决定也在传统媒体（电视、杂志）上投放广告。基于过去其他游戏广告的数据，我们希望能够获得效果最好的广告投放方式，那么我们该怎么做呢？

6.1 现状和预期

互联网广告和传统媒体广告

在互联网上投放广告，单价比较便宜，并且能够吸引到稳定的新注册用户。虽然互联网广告可以根据投入的成本预估效果，但相对于电视、杂志等传统媒体来说，它的受众数量是有限的，因此要想使用户达到一定数量，一般还是要在传统媒体上投放广告。然而，和互联网广告相比，传统媒体的广告成本要高得多。另外，如下图所示，根据广告投放媒体的属性不同，广告效果 CPI（Cost Per Install，获得一个新用户所需的成本）的变动也很大。

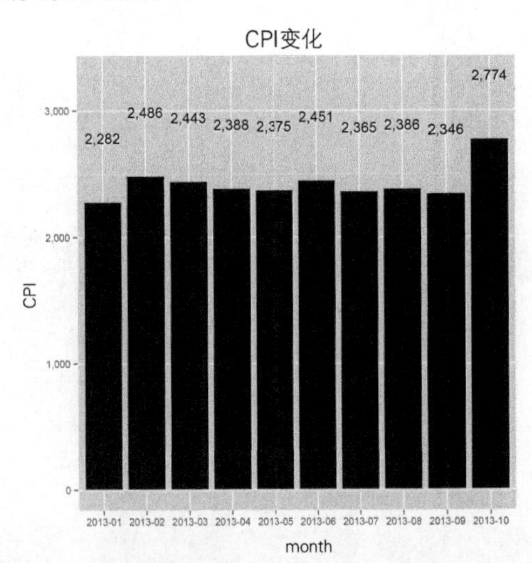

《黑猫拼图》游戏在传统媒体广告上的 CPI 时间序列变化

整理现状和预期

下面我们来整理一下现状和预期。首先，我们所面临的现状是广告效果 CPI 参差不齐。针对这种现状，在互联网广告方面，我们和 3 家公司保持着合作，而在传统媒体的电视和杂志上投放广告时，我们选择了一家广告公司进行合作。该广告公司建议我们，对于目前已合作的 10 家左右的媒体，为了维持良好的合作关系，应避免连续 3 个月不投放广告的情况。根据这个建议，我们在各大传统媒体上都投放了广告。

这其中我们需要确定在电视和杂志上投放广告的合适比例（当然也可以让广告公司来替我们完成这项工作）。

总之，在本例中我们需要在已有合作关系的媒体中决定如何分配广告投放的比例，以达到“用较少的费用获得更多的用户”的目的。那么，基于现有的数据，我们需要弄清广告和获得用户数量之间的因果关系，并找出最合适的广告投放分配比例。下面我们先找出问题。

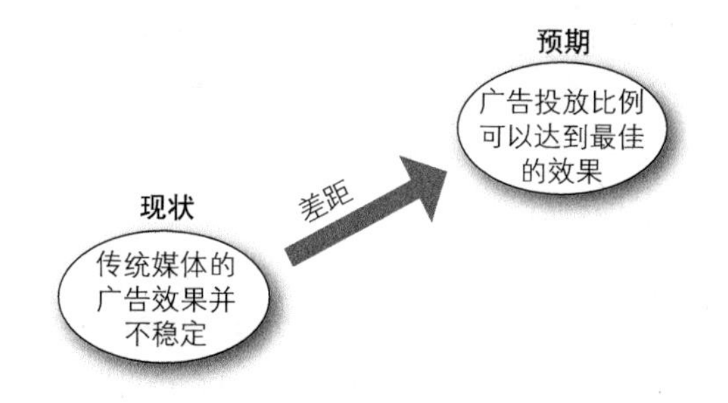

第 6 章的现状和预期

6.2 发现问题

根据下图所示的广告 CPI 的变化可知，本例中的问题是每月广告 CPI 的波动较大。另一方面，互联网广告每获得一个用户的成本大约在 100 日元。但是，互联网广告的覆盖范围比较有限，那些不怎么接触互联网的用户，平时可能只是偶尔使用一下 Facebook 或者 LINE，对于这些用户，可以借助电视或者杂志等传统媒体提高他们对产品的认知度。

然而，和互联网广告不同，电视和杂志属于间接型媒体，从某个用户通过电视广告了解某个产品并产生兴趣，一直到该用户尝试购买这个产品，中间存在着一定的时间间隔。可能是受此影响，电视或者杂志广告的 CPI 高达几千日元。例如，如下图所示，传统媒体广告的月平均 CPI 在 2282 日元到 2774 日元之间波动。

如果仅仅是看数值，读者可能会觉得月平均 CPI 的差距并不大。但由于每获得一个用户的成本都很高，因此我们要尽可能地缩小这 500 日元的差距，如果可能的话，应尽量确保 CPI 保持在 2282 日元左右。我们将本例中的问题细化如下。

在传统媒体上的广告投放分配比例存在问题
→ 每月在电视和杂志上投放广告的比例有所不同

通过和广告部确认，我们了解到，虽然我们无法指定投放广告的电视或杂志媒体数量，但我们可以告诉广告公司分别投放在电视和杂志上的比率，因此

1. **基于过去的数据，明确在电视和杂志上投放广告的广告费和各自所获得的用户数之间的关系**
2. **基于上述关系，确定以何种比例在电视和杂志上投放广告**

至此，我们细化了问题，并确定了分析的步骤。那么，如何对电视和杂志的广告费与各自所获得的用户数之间的关系进行建模呢？

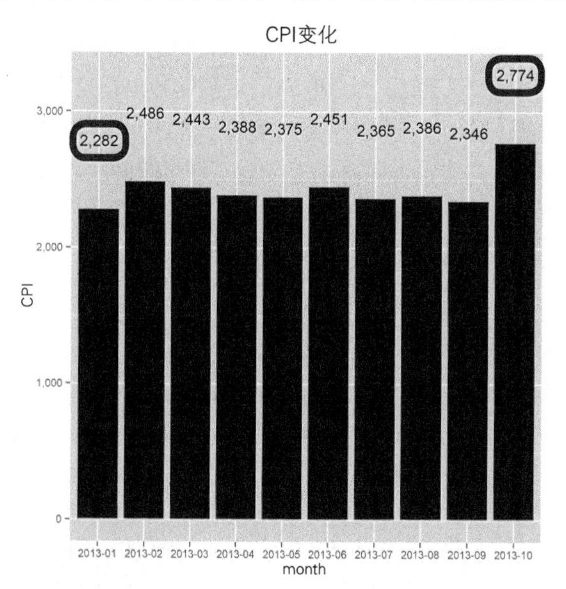

多元回归模型的分析方法

在前面的章节中，我们介绍了“交叉列表统计”“统计学假设检验”两种用于数据间关联性分析的方法。

原因	结果
大降价	销量大
派发的传单多	来店的顾客多
来店的顾客多	销售额大

如上表所述，通过明确各自的因果关系，可以判断诸如降价和销量

之间是否存在关系。但是目前的分析仍然不能回答一些更具体的问题，例如“价格下降多少能够带来多大的销量增加”。在商业领域，通常的做法是在充分考虑成本的前提下预估一个结果，再采取相应的对策。也就是说，通常我们会先确定结果，再反过来考虑相应对策的成本。放在本次案例中，我们需要先构筑一个可以预估各广告媒体能带来的用户量的模型，再决定广告的投放方式。

此时就需要用到“回归分析 / 多元回归分析”。回归分析的思路非常简单，可以说是交叉列表统计的扩展。我们将数据描绘在图上，每个点表示一个数据，其中横坐标表示的变量称为自变量，纵坐标表示的变量称为因变量。然后我们在图上画出一条与这些数据点最为拟合的直线，根据这条直线上任何一点的横坐标（自变量）的值就可以得到纵坐标（因变量）的值，这就是线性回归分析。

例如，通过交叉列表统计，可以得知广告费花得越多，相应的新增用户就会越多。接下来我们就需要考虑能否对这种关系进行建模。具体来说，就是当我们知道了广告费用的预算之后，是否能够预估出由此可能带来的新用户数量。我们以下面左边的图为例来说明，图中的横轴表示广告费，纵轴表示新用户数。

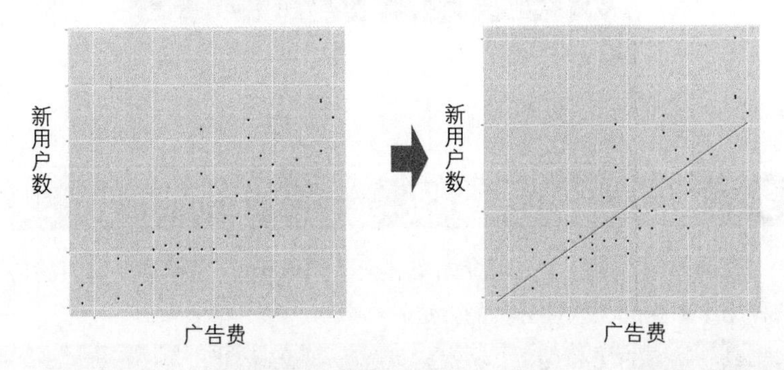

如图所示，通过观察图中的所有数据，可以发现广告费和新用户数之间果然存在一定的关系。于是我们对此进行回归分析，并对这种关系建模，如右图所示。

图中的这条直线就是最简单的一种模型，该直线可以用下面的公式来表述。

新用户数 $= \beta \times$ 广告费 $+ \alpha$

回归分析就是根据现有的数据来估计 α 和 β 的值。

根据从回归分析的结果得出的公式和各项指标，我们进行如下分析。

- **原因数据真的会对结果数据产生影响吗**

  ⇒广告费（自变量）的变化真的会对新用户数（因变量）产生影响吗

- **如果确实有影响，那么这是一种怎样的关系呢**

6.3 数据的收集

探讨和收集分析所需的数据

到目前为止，我们在互联网、电视和杂志 3 个广告媒体上开展了商业推广活动。使用过去实际的成果数据，我们就能够对各个广告媒体的效果进行分析。

在这 3 个广告媒体中，由于互联网广告的效果可以直接测定，因此哪个网站的广告有什么样的效果，其 CPI 很明确。然而，关于电视和杂志广告，我们只能获取总体的用户数增加了这类粗略的信息。因此，我们排除了互联网广告所带来的新用户，将剩余的新用户数和花费在电视以及杂志上的广告费作为分析用的数据。

经和市场部确认得知，这些数据一直都在用 Excel 管理，因此我们只需将必要的数据存入 CSV 文件，再将其读入到分析软件中即可。

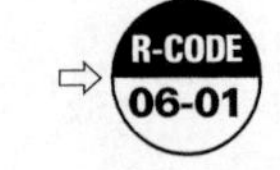

《黑猫拼图》游戏在电视和杂志上投入的广告费和所获得的新用户数

月份	电视广告费	杂志广告费	新用户数
2013 年 1 月	6358	5955	53948
2013 年 2 月	8176	6069	57300
2013 年 3 月	6853	5862	52057
2013 年 4 月	5271	5247	44044
2013 年 5 月	6473	6365	54063
2013 年 6 月	7682	6555	58097
2013 年 7 月	5666	5546	47407
2013 年 8 月	6659	6066	53333
2013 年 9 月	6066	5646	49918
2013 年 10 月	10090	6545	59963

6.4 数据分析

首先，我们需要确认广告和新用户数之间是否存在关系。如果二者之间的关系不那么强，就不能断言用户数量的增加是由广告带来的。我们将数据之间的关系的强弱称为“相关性”。为了确认这种相关性，一般来说首先需要观察数据的散点图。

电视、杂志的广告费和新用户数的散点图

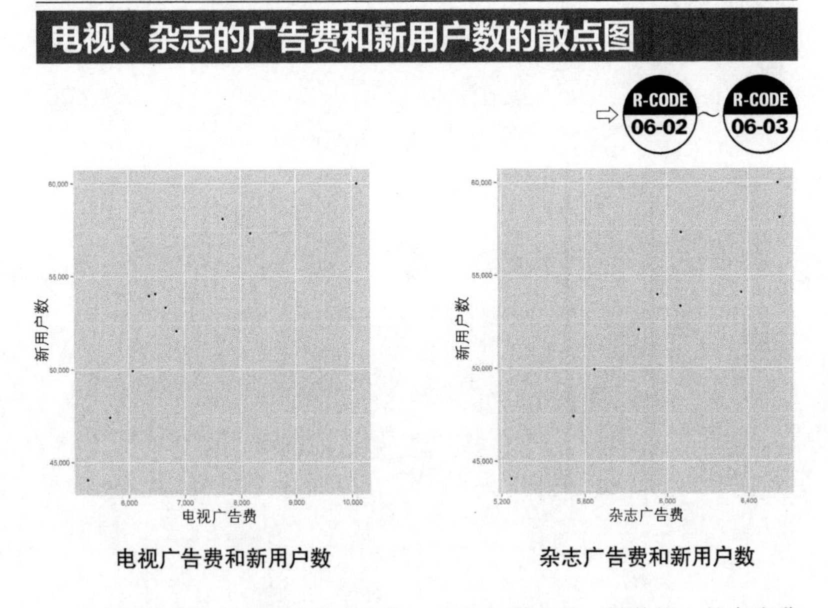

电视广告费和新用户数　　**杂志广告费和新用户数**

无论是电视广告还是杂志广告，从散点图来看，随着投入的广告费用的增加，新获得的用户数也会增加，反应在图上就是数据点不断地向

右上方延伸。既然明确了广告费和新用户数之间存在关系，下面我们就来着手进行回归分析。

进行多元回归分析

● 多元回归模型的系数

截距项	电视广告费	杂志广告费
188.17	1.36	7.25

根据上表的输出结果，我们可以得到下述关系。

新用户数 = 1.361 × 电视广告费 + 7.250 × 杂志广告费 + 188.174

从上式可以看出，如果不投放广告，则每月新增的用户数为大约 188 人。如果在电视广告上投入 1 日元，就能够获得 1 名新用户。在杂志广告上投入 1 日元，则可获得 7 名新用户。也就是说，通过杂志广告来获得新用户的效率要远远高于电视广告。

对多元回归模型的详细探讨

对于上面的模型公式，我们再做进一步探讨。

R-CODE 06-05

① 残差的分布

最小值	第 1 四分位数	中值	第 3 四分位数	最大值
–1406.9	–984.5	–12.1	432.8	1985.8

残差（预测值和实际值之差）的分布用四分位数的方式来表示，据此可以判断数据是否存在异常偏差。

② 多元回归模型的系数

	预估值	标准误差	t 值	p 值	
截距项（常数项）	188.174	7719.131	0.02	0.9812	
电视广告费	1.361	0.517	2.63	0.0339	*
杂志广告费	7.250	1.693	4.28	0.0036	**
Signif. codes: 0 '***' 0.001 '**' 0.01 '*' 0.05 '.' 0.1 ' ' 1					

上表总结了预估得到的常数项和斜率等数据。每一行的数据分别是预估值、标准误差、t 值、p 值，据此可以得知每个属性相应的斜率是多少，以及是否具有统计学意义。

③ 判定系数和自由度校正判定系数

判定系数：0.938，自由度校正判定系数：0.92

判定系数越接近于 1，表示这个模型拟合得越好。

观察①中的残差分布，我们发现，第 1 四分位数的绝对值要大于第 3 四分位数的绝对值，这说明某些数据点的分布存在偏差，但由于③中自由度校正判定系数的值较高，因此现在的广告投放策略应该是没有问题的。

6.5 解决对策

本例中我们围绕如下问题进行了分析。

1. 通过各种传统媒体广告所获得的新用户数不尽相同 （事实）
2. 每月获得的新用户数与在电视和杂志上的广告投放比例相关 （假设）
3. 把握电视广告费和杂志广告费各自与获得的新用户数之间的关系
4. 基于这种关系，确定一个最佳的广告分配比例

基于上述问题设定，我们使用多元回归分析推导出了传统媒体广告和新用户数之间的关系，如下所示。

新用户数 = 1.361 × 电视广告费 + 7.250 × 杂志广告费 + 188.174

从上式可以看出，相比于电视广告，杂志广告的效果要更好一些。即便采取只投放杂志广告而不投放电视广告的极端行为，效果也不会太差。但是上述公式毕竟只是基于本例中的数据计算得出的，对于超出本例数据范围的值则不适用。

另外，如前所述，为了维持和广告公司的合作关系，我们不会对任何一家广告媒体连续 3 个月不投放任何广告。

因此，这回我们将按照下述比例来分配广告费用。

电视广告：4200 万日元　　杂志广告：7500 万日元

根据上面的计算公式，我们可以得到如下结果。

60279 人 = 1.361 ×（4200 万日元）+ 7.250 ×（7500 万日元）+ 188.174

也就是说，我们预期可以获得大约 6 万的新用户。

6.6 小结

本章介绍了数据分析中的多元回归分析。

对于那些成本较高的问题，该方法可用于最优化其效益成本比。尤其在商业领域，大家一般都更关注成本较高的事情，哪怕只提升了少许的效果，对于整体来说也可能起到很大的作用。这种情况下最适合使用多元回归分析，该方法能够预测出每种策略应该占多大比重。

在事前能预测大部分结果，且在实施阶段需要耗费高成本的情况下，多元回归分析是不二的选择。

分析流程	第 6 章中数据分析的成本
现状和预期	低
发现问题	低
数据的收集和加工	低
数据分析	中
解决对策	低

6.7 详细的R代码

读入CSV文件

R-CODE 06-01

```
# 读入CSV文件
ad.data <- read.csv("./ad_result.csv", header = T, stringsAsFactors
= F)
ad.data
```

```
##      month  tvcm magazine install
## 1  2013-01  6358     5955   53948
## 2  2013-02  8176     6069   57300
## 3  2013-03  6853     5862   52057
## 4  2013-04  5271     5247   44044
## 5  2013-05  6473     6365   54063
## 6  2013-06  7682     6555   58097
## 7  2013-07  5666     5546   47407
## 8  2013-08  6659     6066   53333
## 9  2013-09  6066     5646   49918
## 10 2013-10 10090     6545   59963
```

生成电视广告费和新用户数的散点图

※ 如果在作图中不能显示汉字，请执行 library(sysfonts) 和 library(showtext) 这两个命令来导入字体包。

R-CODE 06-02

```
library(ggplot2)
library(scales)

# TVCM
ggplot(ad.data, aes(x = tvcm, y = install)) + geom_point() +
xlab("电视广告费") + ylab("新用户数") +
scale_x_continuous(label = comma) + scale_y_continuous(label = comma)
```

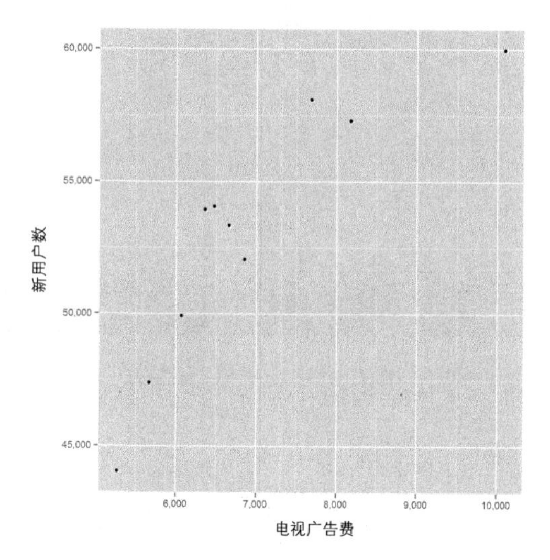

生成杂志广告费和新用户数的散点图

R-CODE 06-03

```
# 杂志广告
ggplot(ad.data, aes(x = magazine, y = install)) + geom_point() +
xlab("杂志广告费") + ylab("新用户数") + scale_x_continuous(label = comma)
+ scale_y_continuous(label = comma)
```

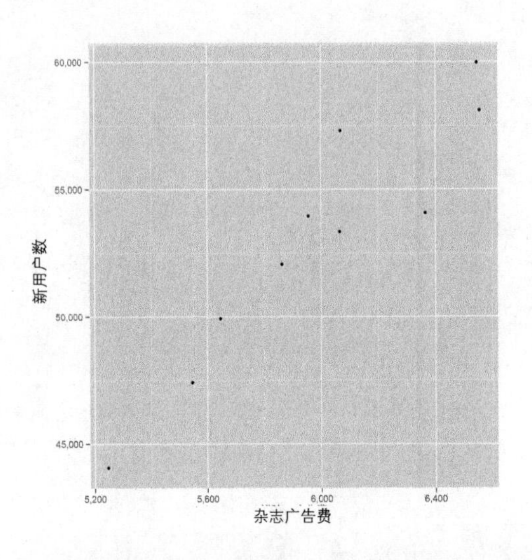

进行回归分析

在R语言中，进行回归分析通常使用 lm 函数。

R-CODE 06-04

```
# 进行回归分析
fit <- lm(install ~ ., data = ad.data[, c("install", "tvcm",
"magazine")])
fit
```

lm(A ~ . , data = ZZ[, c("A","B","C")])

首先，通过 data= 来指明进行回归分析所需要用到的是 ZZ 数据中的属性 A、B 和 C，并在这之前指明所需要用到的回归模型。

上式中的“A ~ .”表示回归模型为 A=B+C。其中“~”相当于数学中的等号，“.”是一个省略记号，表示在 data 中声明使用的所有属性里将除属性 A 之外的其他所有属性相加。因此上式等同于 lm(A~B+C, data=ZZ[, c("A","B","C")])。又因为上式中除属性 A 外只有 2 个属性，所以不用省略直接列出其他所有属性也是可以的，但当用到的属性数量多达几十个时，使用省略记号“.”还是很方便的。

```
## Call:
## lm(formula = install ~ ., data = ad.data[, c("install", "tvcm",
##      "magazine")])
##
## Coefficients:
## (Intercept)        tvcm     magazine
##      188.17        1.36         7.25   } 多元回归模型式的
                                            系数预估值
```

通过输入 fit 就能确定多元回归方程的系数，从而构建出多元回归模型。例如从上面的结果我们可以得到以下模型。

新用户数 = 1.36 × 电视广告费 + 7.25 × 杂志广告费 + 188.17

从上式可以得知，哪怕不投放任何广告，每月也能新增大约 188 名用户。在电视广告中多投入 1 日元可多获得 1 名新用户，而在杂志广告中多投入 1 日元则可多获得 7 名新用户。也就是说，在投放《黑猫拼图》游戏的广告时，杂志广告要比电视广告更能吸引到新用户。

对回归分析结果的解释

对于 lm 函数的结果，可以用 R 语言中的 summary 函数来对其进行解释。下面我们来详细介绍一下 summary 函数。

```
summary(fit)
```

```
## Call:
## lm(formula = install ~ ., data = ad.data[, c("install", "tvcm",
##      "magazine")])
##
## Residuals:
##     Min      1Q  Median      3Q     Max   } ① 残差的分布
## -1406.9  -984.5   -12.1   432.8  1985.8
##
```

```
## Coefficients:
##                Estimate Std. Error t value Pr(>|t|)
##(Intercept)     188.174   7719.131    0.02   0.9812
## tvcm             1.361      0.517    2.63   0.0339 *
## magazine         7.250      1.693    4.28   0.0036 **
## ---
## Signif. codes:  0 '***' 0.001 '**' 0.01 '*' 0.05 '.' 0.1 ' ' 1
##
## Residual standard error: 1390 on 7 degrees of freedom
## Multiple R-squared:  0.938,  Adjusted R-squared:  0.92
## F-statistic: 52.9 on 2 and 7 DF,  p-value: 5.97e-05
```

② 系数的预估值的概要

③ 判定系数及其自由度校正值

从执行结果可以得知以下内容，我们来一个一个地详细阐述。

① Residuals

残差也就是预测值和实际值之差，我们将残差的分布用四分位数的方式表示出来，就可以据此来判断是否存在较大的偏差。

② Coefficients

这里是与预估的常数项和斜率相关的内容。每行内容都按照预估值、标准误差、t 值、p 值的顺序给出。我们可以由此得知各个属性的斜率是多少，以及是否具有统计学意义。

③ Multiple R-squared、Adjusted R–squared

判定系数越接近于 1，表示模型拟合得越好。

通过观察残差的分布，我们发现 1Q（第 1 四分位数）的绝对值比 3Q（第 3 四分位数）的绝对值要大，这表明某些数据的分布偏差过大。但由于自由度校正判定系数的值高达 0.92，因此之前所决定的广告策略应该没有什么问题。

第7章

案例❺—逻辑回归分析

根据过去的行为能否预测当下

从非智能手机更换到智能手机的分析

我们怀疑很多《垂钓乐园》游戏的用户从非智能手机更换到智能手机后，过去使用的游戏账号可能不能继续在新的手机上使用了。因此需要根据之前用户的访问情况来预估一下到底有多少用户因为这个原因流失了。那么我们应该怎么做呢?

7.1 期望增加游戏的智能手机用户量

《垂钓乐园》游戏用户量减少的问题

除了《黑猫拼图》游戏，公司还有一款名为《垂钓乐园》的社交游戏。这个游戏开始投入市场的时候智能手机还没有出现，因此当时这款游戏是针对非智能手机定制开发的。然而，随着智能手机的快速普及，公司也随之在这款游戏中加入了针对智能手机的功能，以及用户账号的迁转功能，以便用户在智能手机上继续使用过去非智能手机中的游戏账号。这些功能上线后，智能手机的游戏用户量稳步上升，同时游戏的总用户量也不断增加。

然而，最近《垂钓乐园》的用户量却在不断减少。我们从各种角度分析了这个问题，然后发现游戏的非智能手机用户大量减少了（如下图所示）。

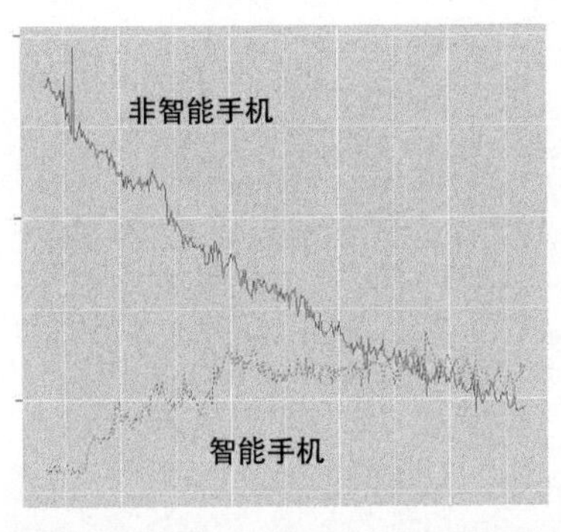

《垂钓乐园》不同设备用户量的时间序列变化

非智能手机用户量的减少主要是由移动终端市场的变化所致

首先，随着移动终端市场的发展，非智能手机的用户量在逐渐减少，而智能手机的用户量在不断增加。从这样的趋势来看，使用非智能手机的游戏用户不断减少是大势所趋。其他游戏的非智能手机用户的情况也是如此。但是，在其他游戏中，虽然非智能手机的用户量在减小，但智能手机的用户量在增加，因而总用户量大致没有变化。也就是说，和其他游戏相比，《垂钓乐园》游戏的非智能手机用户量也减少了，但是智能手机用户量的增加幅度却比较小。

用智能手机用户量的增加来弥补非智能手机用户量的减少

下面我们来整理一下这个案例的现状和预期。目前的现状是：

智能手机用户的增加量比非智能手机用户的减少量要少。

根据这个现状，我们所希望达到的预期是：

智能手机用户量的增加要能够弥补非智能手机用户量的减少。

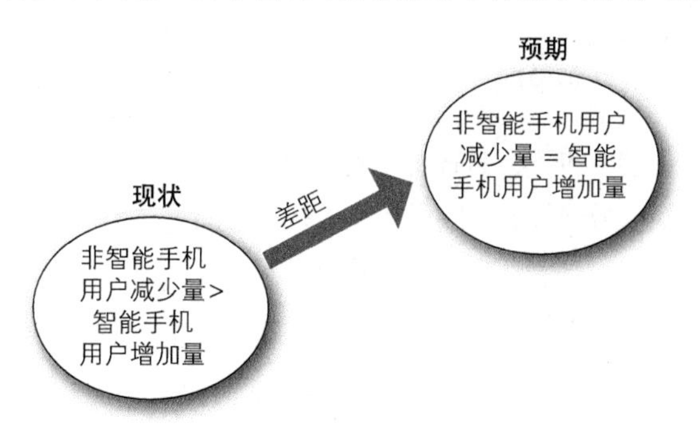

第 7 章的现状和预期

7.2 是用户账号迁转设定失败导致的问题吗

思考非智能手机用户流失的结构

为什么游戏的智能手机用户量的增加会比非智能手机用户量的减少要小呢？这需要我们仔细思考非智能手机用户流失的结构。我们认为这些流失的用户大致可分为下面两部分。

- **一直使用非智能手机的用户流失**
- **从非智能手机更换为智能手机时的用户流失**

“一直使用非智能手机的用户流失”指的是这些用户的流失并不是因为更换了智能手机，而是自然的流失。而因更换智能手机造成的用户流失不外乎下面几种情况。

- **从非智能手机更换为智能手机时的用户流失**
  - ▶ 游戏账号迁转后继续在智能手机上使用
  - ▶ 在智能手机上新申请一个游戏账号
  - ▶ 干脆就不再玩了

将游戏账号从非智能手机迁转到智能手机的用户，我们将其算作是智能手机用户。但是，有些用户在更换智能手机后就重新申请了一个游戏账号。由于这些新申请账号的用户在数据上显示为新用户，因此很难判断这样的用户是不是更换了手机。但从定期的问卷调查来看，只有极少数用户会在更换智能手机后重新申请一个游戏账号。最后一种情况是用户在更换了智能手机后就不再玩《垂钓乐园》游戏了，这类用户和那些仍在使用非智能手机且自然流失的用户很难区分开。

将上述内容整理后如下表所示。

游戏的流失用户是否持有智能手机?	非智能手机用户流失的原因
没有	自然流失
有	自然流失
	在智能手机上使用了新的游戏账号
	在智能手机上将旧的游戏账号迁转设定成功

游戏账号迁转设定失败导致用户流失的假设

基于上表的内容，经过和《垂钓乐园》游戏的策划和开发负责人开会商讨，我们怀疑在那些因更换智能手机而流失的用户当中，有的可能是因为旧的游戏账号在智能手机上迁转设定失败。游戏账号迁转设定模块当时开发得比较仓促，对用户来说有些使用不便。但是当时这个模块在发布后并没有出现什么问题，这可能是因为当时使用智能手机的用户大都属于时尚人士，就算游戏账号的迁转设定有点复杂，他们也能顺利完成。我们将上面的内容添加到表里，如下所示。

用户流失时是否持有智能手机?	非智能手机用户流失的原因
没有	自然流失
有	自然流失
	在智能手机上使用了新的游戏账号
	在智能手机上将旧的游戏账号迁转设定成功
	在智能手机上将旧的游戏账号迁转设定失败

如果我们所面临的本质问题是上表中最后的“游戏账号迁转设定失败”的话，就必须尽快修复这个问题。然而，由于这个模块当时开发得比较仓促，因此现在修复起来预计需要耗费相当多的工时。而现在开发部门也有很多开发任务，很难抽出时间。

因此，现在做问卷调查可能不太合适，我们需要的是一个大致的结论，并尽快预估游戏账号迁转设定失败造成的影响，进而采取下述某个解决对策。

- **如果游戏账号迁转设定失败造成了很大的影响，那就需要开发部门停止正在进行的工作，全力修复这个问题**
- **如果这个问题的影响较小，就只需要改进一下针对智能手机用户的商业宣传**

7.3 在数据不包含正解的情况下收集数据

用户自然流失和账号迁转设定失败导致的用户流失有何不同

下面我们来整理一下目前为止的事实和假设。现在我们所知道的事实有以下两点。

- **非智能手机用户量的减少比智能手机用户量的增加要大**
- **当用户从非智能手机更换到智能手机后，重新注册游戏账号的用户数很少（从问卷调查中得出的结论）**

我们得出的假设如下。

- **从非智能手机更换到智能手机时，游戏账号的迁转设定失败导致了用户流失**

为了验证上述假设，我们需要能够在数据上区分用户的自然流失和游戏账号迁转设定失败而导致的用户流失。那么什么样的数据才能满足我们的分析需要呢？例如，我们来看一下用户在流失之前的访问数据。如下表所示，自然流失的用户的访问天数是在逐渐减少的，而因游戏账号迁转设定失败而流失的用户是在某天后就突然不再访问了。

	1	2	3	4	5	6	7	8
自然流失的用户	×	○	×	×	○	×	×	×
因游戏账号迁转设定失败而流失的用户	○	○	○	○	○	×	×	×

这个假设虽然不是来自于问卷调查或访谈，但也符合我们自身使用的感觉和游戏模块开发者的亲身体会，因此具有较高的可信度。

我们使用了 2013 年 1 月和 2 月的 DAU 数据，如下表所示。具体来说，就是使用 1 月份用户的访问数据来预测用户在 2 月份是自然流失的，还是因游戏账号迁转设定失败而流失的。

⇨ R-CODE 07-01

● DAU

No.	月份	访问时间	游戏名	用户账号	设备
1	2013 年 1 月	2013 年 1 月 1 日	《垂钓乐园》	10061580	非智能手机
2	2013 年 1 月	2013 年 1 月 1 日	《垂钓乐园》	10154440	非智能手机
3	2013 年 1 月	2013 年 1 月 1 日	《垂钓乐园》	10164762	智能手机
4	2013 年 1 月	2013 年 1 月 1 日	《垂钓乐园》	10165615	非智能手机
5	2013 年 1 月	2013 年 1 月 1 日	《垂钓乐园》	10321356	非智能手机
6	2013 年 1 月	2013 年 1 月 1 日	《垂钓乐园》	10406653	智能手机
…	…	…	…	…	…

不存在包含正解的数据

为了判断用户是自然流失的还是因游戏账号迁转设定失败而流失的，我们将用户 1 月份的访问情况设置为自变量，这从我们自身的角度和游戏开发人员的角度来看都是没有问题的。然后，将“自然流失”和“因账号迁转设定失败而流失”作为因变量，并基于之前的表格来思考。

<table>
<tr><th>用户流失时是否持有智能手机？</th><th>非智能手机用户流失的原因</th></tr>
<tr><td>没有</td><td>自然流失</td></tr>
<tr><td rowspan="4">有</td><td>自然流失</td></tr>
<tr><td>在智能手机上使用了新的游戏账号</td></tr>
<tr><td>在智能手机上将旧的游戏账号迁转设定成功</td></tr>
<tr><td>在智能手机上将旧的游戏账号迁转设定失败</td></tr>
</table>

用户流失之前的访问情况大致可概括为以下几个特征。

- **访问次数较少**
  - ▶ 未使用智能手机的用户自然流失
  - ▶ 使用智能手机的用户自然流失
- **访问次数较多**
  - ▶ 在智能手机上使用了新的游戏账号
  - ▶ 在智能手机上将旧的游戏账号迁转设定成功
  - ▶ 在智能手机上将旧的游戏账号迁转设定失败

如上所示，如果访问情况存在显著的差异，那么我们就能够构筑判别模型。但是，我们是否能够顺利地获得上面这些访问数据呢？下表中整理出了相关的情况。

用户流失时是否持有智能手机?	非智能手机用户流失的原因	数据是否存在?
没有	自然流失（没有分析价值）	×
有	自然流失（没有分析价值）	×
	在智能手机上使用了新的游戏账号	×（极少）
	在智能手机上将旧的游戏账号迁转设定成功	○
	在智能手机上将旧的游戏账号迁转设定失败	×

※ 灰色行表示不能从该数据中识别出非智能手机用户。

由上表可知，所有非智能手机的流失用户当中，之后的访问情况能够被识别出来的只有第 4 行的“在智能手机上将旧的游戏账号迁转设定成功”这一种。第 3 行的“在智能手机上使用了新的游戏账号”的用户数量很少，而我们最想知道的“在智能手机上将旧的游戏账号迁转设定失败”这种情况的相关数据实际上却无法获得。也就是说，用户“自然流失”和“因游戏账号迁转设定失败而流失”这两种情况在数据上无法区分，我们无法获得所需的包含正解的数据。

在无法获得包含正解的数据的情况下进行建模

基于不包含正解的数据进行建模，这在学术界属于一个不可行的问题。然而在商业领域里，建模所需的数据不一定要局限于包含正解的完美数据。像本案例这样，在无法获得包含正解的数据的情况下还必须得出某些结论的情况并不少见。

那么，本案例这种情况我们要怎么考虑呢？首先，我们来看一下"因游戏账号迁转设定失败而流失"这一假设很严重的情况。参考之前的表格，我们可以预知，和自然流失的用户相比，因游戏账号迁转设定失败而流失的用户在当月的访问次数要高得多。因此，如果"因游戏账号迁转设定失败而流失"的用户在所有流失用户中所占比例较高的话，那么流失用户和游戏账号迁转用户在 1 月份的访问情况就不会存在什么差异。而如果访问情况没什么差异的话，那么我们也就无法基于访问数量构筑判别模型。反之，如果因游戏账号迁转设定失败而流失的用户较少的话，那么访问次数的差异就会比较显著，也就能够顺利地构筑判别模型。在本例中，如果能构筑判别模型，就意味着令人畏惧的游戏账号迁转设定的复杂性并未产生影响。

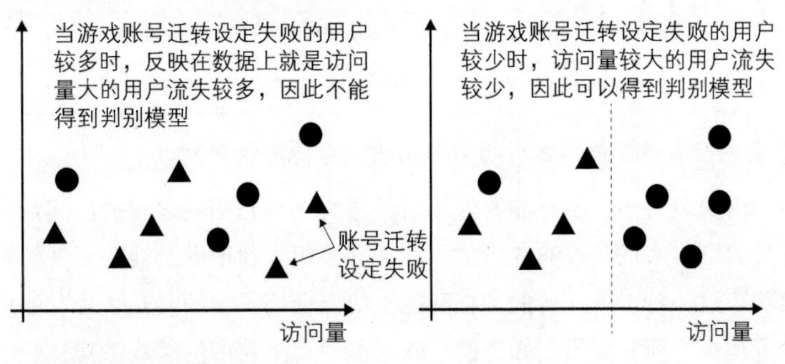

分析过程整理

我们再来整理一下分析的整个过程。

- **事实**
  - ▶ 非智能手机用户量的减少比智能手机用户量的增加要大
  - ▶ 当用户从非智能手机更换到智能手机后，重新注册游戏账号的用户数很少（从问卷调查中得出的结论）
- **假设**
  - ▶ 从非智能手机更换到智能手机时，游戏账号的迁转设定失败导致了用户流失
- **根据分析方法和结果得出的解决对策**
  - ▶ 使用用户访问情况数据建立“账号迁转用户”和“流失用户”的判别模型
    - ◆ **能够建立有效的模型：**因游戏账号迁转设定失败而导致的用户流失的影响较小
      ⇨ 改进面向智能手机新用户的商业宣传
    - ◆ **不能建立有效的模型：**很可能是因游戏账号迁转设定失败而导致的用户流失的影响较大
      ⇨ 简化游戏账号的迁转设定

使用哪种模型

在本例中，我们需要建立“账号迁转用户”和“流失用户”的判别模型。这类模型的数量有很多，但在本例中，由于没有包含正解的数据，因此我们就没有必要使用诸如 SVM（支持向量机）或者神经网络这类精度虽高但计算量很大的模型，不如使用简单的方法尽快得出结果。于是本例中我们决定使用逻辑回归分析。逻辑回归分析特别适合因变量是“买 / 不买”这种二值的情况，是用来简单把握数据大致倾向的最合适的方法。

用曲线来拟合"账号迁转"的比例

为了方便介绍逻辑回归分析，我们将"账号迁转"表示为1，将"用户流失"表示为0。设横轴表示"访问次数"，样本点分布在纵轴的0和1两个值上，如下面左图所示。图中在0和1两个值上分布有很多点，此时要想得知数据的倾向性比较困难。我们尝试使用第6章中介绍过的线性回归分析，得到如下面右图所示的结果。虽然得到了一条直线，但它依然没有反映出数据的特征。

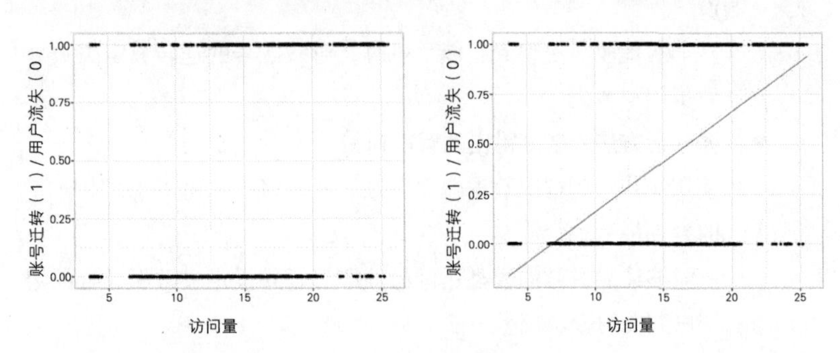

线性回归分析原本就不适用于0/1这类二值数据。这是因为线性回归分析的预测值有可能小于0，也有可能大于1。针对0/1这样的数据，其数值本身并不重要，关注值为1的数据所占总体的比例更为合适。下面就让我们来统计一下上述数据中0值和1值各自出现的次数，结果如下图所示。

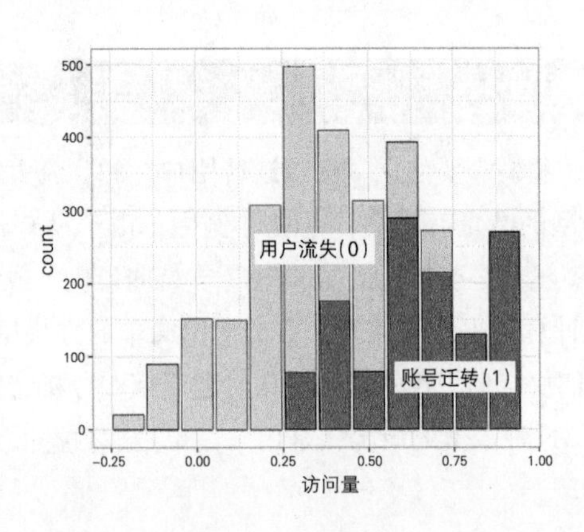

从上图可以看出，访问量较小时值为 1 的数据基本不存在。随着访问量的增加，值为 1 的数据开始逐渐增多，最终全部是值为 1 的数据，而值为 0 的数据消失了。这种比例变化的关系如下图所示。

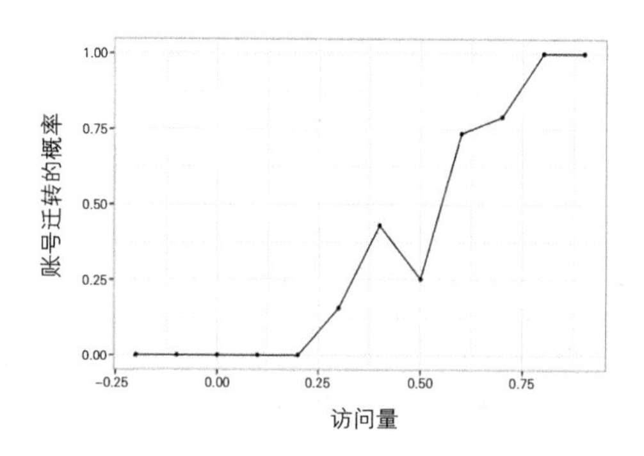

针对这种比例的数据，我们试着用一种名为逻辑斯蒂曲线的曲线来进行拟合，这就是逻辑回归分析。逻辑斯蒂曲线是一种 S 型的曲线，当横坐标从负无穷增加到某个值时，纵坐标的值一直非常接近 0。而当横坐标大于该值之后，纵坐标的值开始急速向 1 逼近。在这之后又开始缓慢地接近于 1。针对本例中的数据，逻辑斯蒂曲线拟合后的结果如下图所示。

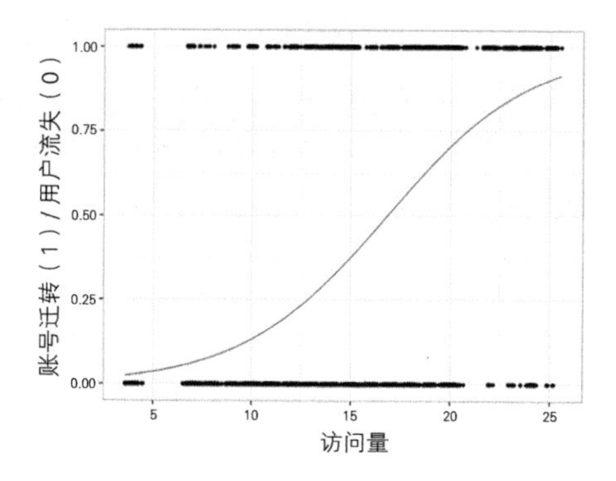

根据上图可知，和线性回归不同，逻辑回归的值域在 0 到 1 之间，不会超出这个范围。如下图所示，在这条曲线上，如果我们选取“账号迁转”所占比例为 0.5 时的访问量来作为阈值，那么比该访问量大的即

可判断为“账号迁转”，而比该访问量小的则为“用户流失”。在本例中，我们将用户1月份的访问量作为自变量，将“账号迁转”和“用户流失”作为因变量，通过逻辑回归分析来验证假设。

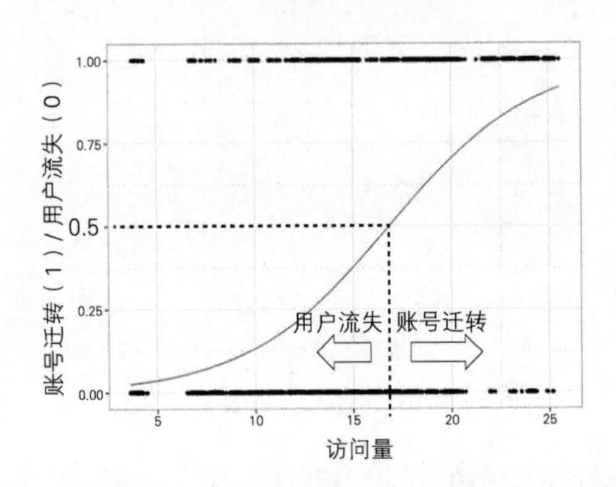

数据加工

我们需要准备逻辑回归分析所需的数据，如下所示。

① 关于用户是否迁转到了其他账号的数据

② 关于用户是否每天访问游戏的数据（如下表所示）

用户 ID	1日	2日	…	31日
100	1	0	…	1
101	1	1	…	0
…	…	…	…	…

基于上表的数据，我们将其加工成适用于逻辑回归分析的数据形式。

① 关于用户是否迁转到了其他账号的数据的整理

首先，我们来生成关于1月份的非智能手机用户在2月份是否依然访问游戏的数据。

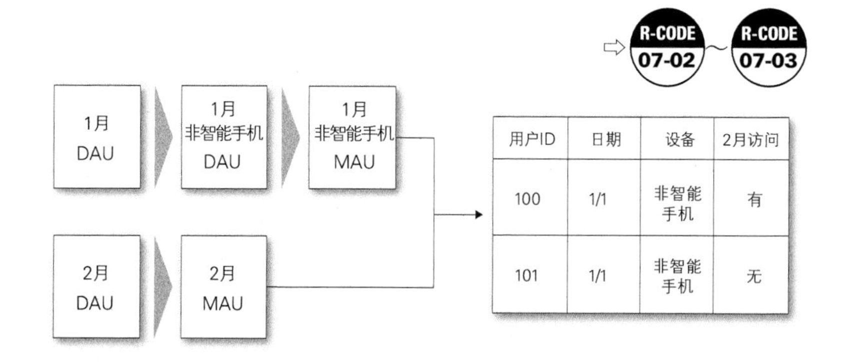

- 从 1 月份的 DAU 数据中提取出非智能手机的 DAU 数据，然后将该月的数据合并得到当月的 MAU 数据
- 从 2 月份的 DAU 数据中得到当月的 MAU 数据
- 综合上述两部分数据，生成关于 1 月份的非智能手机用户在 2 月份是否进行了访问的标志位

上述步骤生成的数据如下表所示。

● 1月份的非智能手机用户在2月份是流失了还是变成使用智能手机来访问了

（a）1 月份的非智能手机用户在 2 月份的访问情况（fp.mau1）

No.	用户 ID	月份	设备	2 月访问
1	397286	2013 年 1 月	非智能手机	有
2	471341	2013 年 1 月	非智能手机	有
3	503874	2013 年 1 月	非智能手机	无
4	512250	2013 年 1 月	非智能手机	有
5	513811	2013 年 1 月	非智能手机	有
…	…	…	…	…

下一步我们需要区分 2 月份的用户访问是继续来自非智能手机还是来自智能手机。

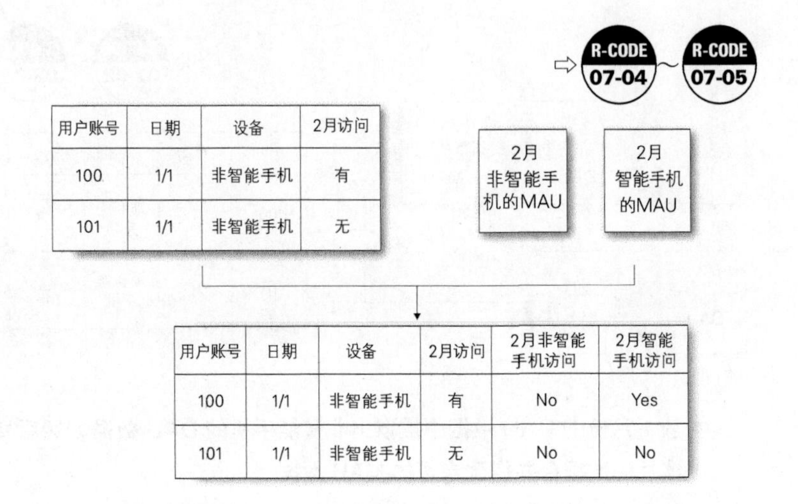

- **和上一步的处理方法一样，我们先从 2 月份的 DAU 数据生成当月非智能手机用户的 MAU 数据和智能手机用户的 MAU 数据**
- **将刚才生成的数据和 2 月份非智能手机的 MAU 数据、智能手机的 MAU 数据相结合，生成区别 2 月份的访问是来自非智能手机还是智能手机的标志位**

下表就是经过上述处理后得到的结果。

（b）在（a）的数据后添加 2 月份所使用的设备信息（fp.mau1）

No.	用户 ID	月份	设备	2 月访问	2 月非智能手机访问	2 月智能手机访问
1	397286	2013 年 1 月	非智能手机	有	Yes	No
2	471341	2013 年 1 月	非智能手机	有	No	Yes
3	503874	2013 年 1 月	非智能手机	无	No	No
4	512250	2013 年 1 月	非智能手机	有	Yes	No
5	513811	2013 年 1 月	非智能手机	有	Yes	No
…	…	…	…	…	…	…

此时，我们需要建立一个判别模型，用来判断那些非智能手机用户下个月是会通过智能手机继续访问还是会流失。在这个过程中，下个月

继续使用非智能手机访问的用户数据对于模型的建立没有什么作用，我们可以先排除掉。

⇨ R-CODE 07-06

用户账号	日期	设备	2月访问	2月非智能手机访问	2月智能手机访问
100	1/1	非智能手机	有	No	Yes
101	1/1	非智能手机	无	No	No
102	1/1	非智能手机	有	Yes	No

限定为“2月份没有访问”或者“2月份从智能手机访问”的数据

用户账号	日期	设备	2月访问	2月非智能手机访问	2月智能手机访问
100	1/1	非智能手机	有	No	Yes
101	1/1	非智能手机	无	No	No

- **以“2 月份没有访问”或者“2 月份从智能手机访问”为条件对数据进行过滤**

处理后的数据如下表所示。

（c）以灰色部分为条件过滤（b）的数据（fp.mau1）

No.	用户 ID	月份	设备	2 月访问	2 月非智能手机访问	2 月智能手机访问
2	471341	2013 年 1 月	非智能手机	有	No	Yes
3	503874	2013 年 1 月	非智能手机	无	No	No
11	1073544	2013 年 1 月	非智能手机	无	No	No
12	1073864	2013 年 1 月	非智能手机	无	No	No
14	1163733	2013 年 1 月	非智能手机	有	No	Yes
…	…	…	…	…	…	…

这样就得到了逻辑回归分析所需的数据。

② 关于每天是否访问游戏的数据的加工

其次，我们需要对每个用户每天访问情况的数据进行加工处理。现在已有的 DAU 数据如下图左边所示，是以日期、用户 ID 为属性的数据。我们要将这份数据加工成如下图右边所示，以日期为属性。

日期	用户ID
1/1	100
1/2	101
⋮	⋮

用户ID	1/1	1/2	1/3	1/4	…
100	有	有	有	有	…
101	无	有	有	无	…

（d）1 月份非智能手机用户每天的访问情况（fp.dau1.cast）

No.	用户 ID	1/1	1/2	1/3	1/4	1/5	1/6	1/7	1/8	…
1	397286	有	有	有	有	有	有	有	有	…
2	471341	有	有	有	有	无	无	无	无	…
3	503874	有	无	无	无	无	无	无	无	…
4	512250	有	有	有	有	有	有	有	有	…
5	513811	无	无	无	无	无	无	无	无	…
6	638688	有	有	有	有	有	有	有	有	…
…	…	…	…	…	…	…	…	…	…	…

最后，将上面的数据和①中生成的用户访问情况数据合并。

（e）将每天的访问情况数据（d）和（c）合并

No.	用户 ID	1/1	1/2	1/3	1/4	1/5	…	1/31	2 月智能手机访问
1	471341	有	有	有	有	无	…	无	Yes
2	503874	有	无	无	无	无	…	无	No
3	1073544	无	无	无	无	无	…	无	No
4	1073864	无	无	无	无	无	…	无	No

（续）

No.	用户 ID	1/1	1/2	1/3	1/4	1/5	…	1/31	2 月智能手机访问
5	1163733	有	有	无	无	无	…	有	Yes
6	1454629	无	无	无	无	无	…	有	No
…	…	…	…	…	…	…	…	…	…

经过上述处理，就能够得到分析所需要的数据。下面我们来确认一下流失的用户（包含因账号迁转设定失败而流失的用户）和账号迁转的用户分别有多少人。最后我们统计的结果是有 190 名用户流失了，而账号迁转的用户有 62 名，如下表所示。

● fp.mau1

⇨ R-CODE 07-09

用户流失	账号迁转
190	62

※ 由于本书中使用的是样本数据，因此各项的数据量较少。

7.4 验证是否能够建立模型

建立模型和验证模型

在本例中，我们基于 1 月份 31 天的访问数据来创建一个计算 2 月份账号迁转概率的模型。建立这种预测模型的情况下，分析大体上分为两个部分：建立模型和验证模型。首先，我们使用现有的数据来进行逻辑回归分析并建立预测模型。为了验证所得到的预测模型的可信度，我们要将模型的预测值和实际数据进行对比。本例中模型所要预测的是"下月账号迁转的概率"，预测值大于 0.5 时表示下月用户账号发生迁转，而小于 0.5 时则表示用户流失。

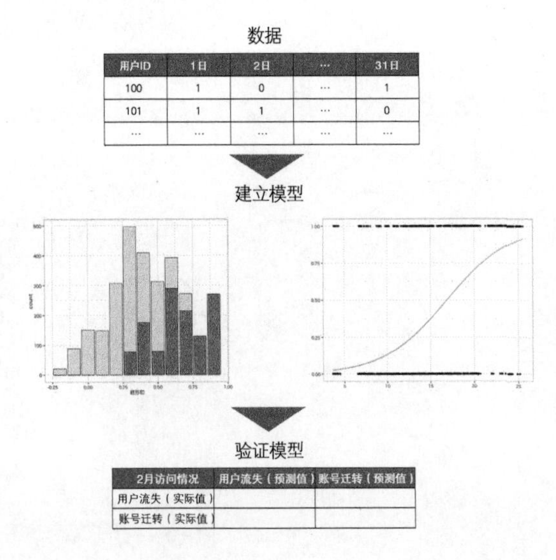

使用逻辑回归分析来建立模型

下面我们将通过逻辑回归分析来建立模型。在本例中，自变量指的是过去 1 个月（31 天）的访问情况，但是这样变量的个数有些过多。为了得到更加合适的模型，需要按照某种标准对变量进行选择。选择变量的方法有很多种，一般经常使用的是一种名为 AIC（赤池信息量准则）的指标。基于这个指标来选择变量并生成模型，如下所示。这里我们选择了变量 X1day(1/1)、X4day(1/4)、X5day(1/5)……

⇨ R-CODE 07-10

● 残差的分布

最小值	第 1 四分位点	中值	第 3 四分位点	最大值
–1.9554	–0.4518	–0.2318	–0.0612	2.6946

● 回归模型的系数

	系数的预估值	标准误差	z 值	p 值	
常数项	–3.604	0.427	–8.44	< 2e –16	***
X1day1	1.533	0.572	2.68	0.0073	**
X4day1	1.775	0.642	2.76	0.0057	**
X5day1	–1.035	0.762	–1.36	0.1744	
X7day1	1.700	0.711	2.39	0.0168	*
X10day1	–2.675	0.942	–2.84	0.0045	**
X13day1	1.373	0.755	1.82	0.0689	.
X22day1	1.623	0.638	2.54	0.0110	*
X29day1	2.001	0.648	3.09	0.0020	**
X31day1	1.731	0.814	2.13	0.0335	*

● 赤池信息量准则

AIC = 146.7

从分析结果来探讨模型

通过观察逻辑回归分析的执行结果，我们发现 X5day 和 X10day 的系数为负数。如果直观地解释，那就是“如果 5 日和 10 日没来访问的话，那么下月（2 月）账号就会发生迁转”，意思有些莫名其妙。出现这种情况是由于自变量之间存在着相关性，我们把这种现象称为多重共线性。当出现多重共线性时，上述关于系数的讨论就没什么意义了。而且这种情况下得到的模型很不稳定，无法进行长期预测。一般来说此时就需要做进一步的变量选择以及增加交互作用项等，以便得到再现性更强的模型。然而，在本例中，是否能够建立模型才是我们所关注的，所以暂时不需要进行上述工作。这次我们需要建立的模型并不一定要长期有效，只要能够在本例中使用即可，也就是所谓的一次性模型。由于从一开始我们就没有包含正解的数据，因此就不用再拘泥于模型的精度或者是再现性。综上，我们建立的模型至少在本案例中不存在使用上的问题，我们用它来继续进行下面的工作。

使用建立的模型进行预测

接着，我们使用之前建立的模型进行预测。模型的预测值是“账号迁转的概率”。当这个值大于 0.5 时我们取 1（账号迁转），小于 0.5 时则取 0（用户流失），生成如下数据。

⇨ R-CODE 07-11

No.	用户 ID	1/1	1/2	1/3	1/4	1/5	…	1/31	实际值	概率	预测值
1	471341	有	有	有	有	无	…	无	Yes	0.43	0
2	503874	有	无	无	无	无	…	无	No	0.11	0
3	1073544	无	无	无	无	无	…	无	No	0.00	0
4	1073864	无	无	无	无	无	…	无	No	0.03	0
5	1163733	有	有	无	无	无	…	有	Yes	0.39	0
6	1454629	无	无	无	无	无	…	有	No	0.10	0
…	…	…	…	…	…	…	…	…	…		

利用上述数据，我们来对模型进行验证。确认预测值和实际值之间差异大小的方法有很多，这里我们使用下表所示的交叉统计表。⇨ R-CODE 07-12

2 月使用情况	用户流失（预测值）	账号迁转（预测值）
用户流失（实际值）	180	10
账号迁转（实际值）	20	42

此例中，经由逻辑回归分析建立的模型中预测为“1”（账号迁转）的用户分布在“账号迁转（预测值）”那一列，而实际发生账号迁转的用户分布在“账号迁转（实际值）”那一行。

由上表可知，模型预测为“流失”的用户有 180 名，而这 180 名用户确实不再来了，模型预测“账号迁转”的 42 名用户也确实迁转了账号。预测的准确率为 (180 + 42) / (180 + 10 + 20 + 42) = 88%。这个准确率比较高，基本可以认为我们得到了一个值得信赖的预测模型。然而在实际使用中，直接使用上述模型是不行的，我们需要通过交叉检验的方法来做进一步的验证。

根据预测结果推测用户群

该模型中预测值为“1”（账号迁转）而实际流失的用户有 10 名，可以认为这些人是因为账号迁转失败而流失的。也就是说，我们根据过去的访问情况推测出用户应该会将账号迁转设定后继续使用，但实际上这群流失的用户由于账号迁转失败而不再访问游戏了。

因此，在观察了实际的访问情况之后（参考 7.7 节），我们可以断定这次的模型符合实际的客观情况，是值得信赖的，并且也证明了“账号迁转设定失败导致用户流失”的影响较小这个假设是正确的。

7.5 解决对策

在本例中，我们的分析流程如下所示。

- **事实**
  - ▶ 非智能手机用户量的减少比智能手机用户量的增加要大
  - ▶ 当用户从非智能手机更换到智能手机后，重新注册游戏账号的用户数很少（从问卷调查中得出的结论）
- **假设**
  - ▶ 从非智能手机更换到智能手机时，游戏账号的迁转设定失败导致了用户流失
- **基于分析方法和结果而采取的解决对策**
  - ▶ 使用用户访问情况数据来建立“账号迁转用户”和“流失用户”的判别模型
    - ◆ **能够建立有效的模型**：因游戏账号迁转设定失败而导致的用户流失的影响较小

      ⇨ 改进面向智能手机新用户的商业宣传
    - ◆ **不能建立有效的模型**：因游戏账号迁转设定失败而导致的用户流失的影响较大

      ⇨ 简化游戏账号的迁转设定

我们的假设是“在智能手机上游戏账号迁转设定失败导致流失的用户很多”，而根据分析的结果，因账号迁转设定失败而流失的用户占整体流失用户的比例很小。因此，我们决定按照最初的讨论方案，改进面向智能手机新用户的商业宣传。

7.6 小结

在本章中，我们进行了逻辑回归分析。下面我们来总结一下本章中数据分析的成本，如下表所示。

在本例中，相比于数据分析和建立模型，前期的数据收集和加工花费了更多的精力。而在实际的商业领域，在数据收集阶段经常会碰到不存在带正解的数据的情况，或者是没有适用于分析方法的数据而需要我们自己去加工的情况。读者通过本章的内容就可以对实际数据分析中的困难有所了解。

分析流程	第 7 章中数据分析的成本
现状和预期	低
发现问题	中
数据的收集和加工	高
数据分析	中
解决对策	低

7.7 详细的R代码

读入 CSV 数据

R-CODE 07-01

```
# 读入数据
dau <- read.csv("section7-dau.csv", header = T, stringsAsFactors = F)
head(dau)
```

● DAU

```
##   region_month region_day app_name  user_id device
## 1      2013-01 2013-01-01  game-02 10061580     FP
## 2      2013-01 2013-01-01  game-02 10154440     FP
## 3      2013-01 2013-01-01  game-02 10164762     SP
## 4      2013-01 2013-01-01  game-02 10165615     FP
## 5      2013-01 2013-01-01  game-02 10321356     FP
## 6      2013-01 2013-01-01  game-02 10406653     SP
```

关于用户是否进行了账号迁转的数据的整理

我们先整理出从非智能手机更换到智能手机并进行了账号迁转设定的用户数据。

R-CODE 07-02

```
# MAU
mau <- unique (dau[, c("region_month", "device", "user_id")])
# FP MAU
fp.mau <- unique (dau[dau$device=="FP", c("region_month", "device",
 "user_id")])
# SP MAU
sp.mau <- unique (dau[dau$device=="SP", c("region_month", "device",
 "user_id")])
```

输入 **unique(AA[, c("XX","YY","ZZ")])** 后，数据 AA 中就只保留了属性 XX、YY 和 ZZ 所在的行。如果 XX 的值不同，而属性 YY 和 ZZ 的值相同，则双方的数据都会保留下来。如果属性 XX、YY 和 ZZ 的值全部相同，则会被视为重复的数据而被删除，只保留其中一个。

在这里我们根据每天的访问数据 DAU 来生成每月的访问数据。由于每天都来访问的用户会有 31 份数据被保存下来，为了将这些数据合成 1 份，我们忽略属性 region_day 的重复信息，并使用 unique 函数，得到 region_month、device 和 user_id 这 3 个属性的值都唯一的数据。

通过执行 **unique(AA[AA$XX="xxx", c("X","Y","Z")])**，我们可以从数据 AA 中提取属性 XX 的值为 xxx 的数据，并在此基础上得到属性 X、Y 和 Z 的值不发生重复的数据。

R-CODE 07-03

```
# 分别获取1月份和2月份的数据
fp.mau1 <- fp.mau[fp.mau$region_month == "2013-01", ]
fp.mau2 <- fp.mau[fp.mau$region_month == "2013-02", ]

sp.mau1 <- sp.mau[sp.mau$region_month == "2013-01", ]
sp.mau2 <- sp.mau[sp.mau$region_month == "2013-02", ]

# 1月份的非智能手机用户在2月份的访问情况
mau$is_access <- 1
fp.mau1 <- merge(fp.mau1, mau[mau$region_month == "2013-02",
c("user_id", "is_access")], by = "user_id", all.x = T)
fp.mau1$is_access[is.na(fp.mau1$is_access)] <- 0
head(fp.mau1)
```

在这里，我们将非智能手机用户（FP，Feature Phone）和智能手机用户（SP，SmartPhone）的数据各自分开，并生成按月统计的用户数据。在此基础上，我们将数据分为上月（1月）和本月（2月）两部分，由此得到数据 fp.mau1、fp.mau2、sp.mau1、sp.mau2。

接着我们输入 mau$is_access <- 1，将 mau 数据的 is.access 属性全部设置为“1”。基于这份数据，再和其他数据合并，我们就可以判断用户在2月份是否也来访问过。这样在 mau 数据里就保存了1月和2月都曾访问过游戏的用户数据。

我们知道在数据 fp.mau1 中保存的是非智能手机用户1月份的数据。将数据 mau 中2月份的数据提取出来，和 fp.mau1 合并，这样就能够判断在1月份进行过访问的非智能手机用户在2月份是否继续访问了。最后通过命令 fp.mau1$is_access[is.na(fp.mau1$is_access)]<- 0 将合并之后出现的缺失值（NA）替换为“0”。

经过上述处理，我们得到了数据 fp.mau1。

● fp.mau1

```
##   user_id region_month device is_access
## 1  397286      2013-01     FP         1
## 2  471341      2013-01     FP         1
## 3  503874      2013-01     FP         0
## 4  512250      2013-01     FP         1
## 5  513811      2013-01     FP         1
## 6  638688      2013-01     FP         1
```

另外，根据上述的数据 fp.mau2 中2月份用户的使用情况，我们可以区分出2月份来访问的用户中有多少是一直通过非智能手机来访问的用户。

R-CODE 07-04

```
# 1月份访问过游戏的非智能手机用户在2月份是否是继续通过非智能手机来访问的
fp.mau2$is_fp <- 1
fp.mau1 <- merge(fp.mau1, fp.mau2[, c("user_id", "is_fp")],
                 by = "user_id",
all.x = T)
fp.mau1$is_fp[is.na(fp.mau1$is_fp)] <- 0
head(fp.mau1)
```

通过 fp.mau2$is_fp <- 1 将 fp.mau2 中的 is_fp 属性全部设置为“1”。

然后再将 fp.mau1 和 fp.mau2 两个数据合并。如果用户在这两个月都是用非智能手机访问的，那么合并后 is_fp 属性的值为"1"，否则便是代表数据为空的"NA"。又因为"NA"不便于后续处理，所以我们通过 fp.mau1$is_fp[is.na(fp.mau1$is_fp)]<- 0 将"NA"置换为"0"。

● fp.mau1

```
##   user_id region_month device is_access is_fp
## 1  397286      2013-01     FP         1     1
## 2  471341      2013-01     FP         1     0
## 3  503874      2013-01     FP         0     0
## 4  512250      2013-01     FP         1     1
## 5  513811      2013-01     FP         1     1
## 6  638688      2013-01     FP         1     1
```

然后，我们区分出那些在 1 月份通过非智能手机访问而在 2 月份变成通过智能手机来访问的用户。

R-CODE 07-05

```
# 1月份访问过游戏的非智能手机用户在2月份是否是通过智能手机来访问的
sp.mau2$is_sp <- 1
fp.mau1 <- merge(fp.mau1, sp.mau2[, c("user_id", "is_sp")],
                 by = "user_id", all.x = T)
fp.mau1$is_sp[is.na(fp.mau1$is_sp)] <- 0
head(fp.mau1)
```

sp.mau2 中保存的是 2 月份通过智能手机来访问的用户数据。这里我们需要增加一个 is_sp 属性，并将其全设置为"1"。然后再将这份数据和 fp.mau1 数据合并。这样一来，在 fp.mau1 中就增加了 2 月份智能手机用户的数据。合并后的结果如下所示。

● fp.mau1

```
##    user_id region_month device is_access is_fp is_sp
## 1  397286       2013-01     FP         1     1     0
## 2  471341       2013-01     FP         1     0     1
## 3  503874       2013-01     FP         0     0     0
## 4  512250       2013-01     FP         1     1     0
## 5  513811       2013-01     FP         1     1     0
## 6  638688       2013-01     FP         1     1     0
```

接着我们要从这份数据中提取出逻辑回归分析所需要的数据。我们从上一步得到的 fp.mau1 数据中提取出 is_access==0（2 月份没有访问的用户）或者 is_sp==1（2 月份通过智能手机访问的用户）的部分。其中记号“|”表示“或”的关系，也就是两个条件只要满足其一即可的意思。

R-CODE 07-06

```
## 1月份通过非智能手机访问但2月份没有访问的用户，或者通过智能手机访问的用户
fp.mau1 <- fp.mau1[fp.mau1$is_access == 0 | fp.mau1$is_sp == 1, ]
head(fp.mau1)
```

● fp.mau1

```
##    user_id region_month device is_access is_fp is_sp
## 2   471341      2013-01     FP         1     0     1
## 3   503874      2013-01     FP         0     0     0
## 11 1073544      2013-01     FP         0     0     0
## 12 1073864      2013-01     FP         0     0     0
## 14 1163733      2013-01     FP         1     0     1
## 15 1454629      2013-01     FP         0     0     0
```

⇒ 从之前的数据中过滤掉“is_access=1, is_sp=0”的内容

这样我们就得到了可用于逻辑回归分析的数据 fp.mau1。

关于是否每天访问游戏的数据的整理

```
library(reshape2)

fp.dau1 <- dau[dau$device == "FP" & dau$region_month == "2013-01", ]
fp.dau1$is_access <- 1

fp.dau1.cast <- dcast(fp.dau1, user_id ~ region_day, value.var =
 "is_access", function(x) as.character(length(x)))

names(fp.dau1.cast)[-1] <- paste0("X", 1:31, "day")
head(fp.dau1.cast)
```

我们从 dau 数据中提取 2013 年 1 月非智能手机用户的数据，然后使用 dcast 函数进行整理，得到 fp.dau1.cast 数据。由于数据中属性的名称各不相同，因此我们输入 **names(fp.dau1.cast)[-1]<-paste0("X",1:31,"day")**，在除第一行以外的属性上添加属性名。借助 paste0 将其后的内容紧密合并在一起，此处 paste0 将 X 和 day 合在一起组成一个属性名 "X*day"，其中中间的“*”为一个 1 ~ 31 的数。这样就可以得到下面的数据 fp.dau1.cast。

● fp.dau1.cast

```
##    user_id X1day X2day X3day X4day X5day X6day … X29day X30day X31day
## 1  397286      1     1     1     1     1     1 …      1      1      1
## 2  471341      1     1     1     1     0     0 …      0      0      0
## 3  503874      1     0     0     0     0     0 …      0      0      0
## 4  512250      1     1     1     1     1     1 …      1      1      1
## 5  513811      0     0     0     0     0     0 …      1      0      1
## 6  638688      1     1     1     1     1     1 …      1      1      1
```

我们将这个数据和之前得到的用户访问数据 fp.mau1 合并起来。

R-CODE 07-08

```
# 将2月份的访问数据和智能手机用户数据合并
fp.dau1.cast <- merge(fp.dau1.cast, fp.mau1[, c("user_id", "is_
sp")],
  by = "user_id")
head(fp.dau1.cast)
```

经过上述处理，我们就能够得到下面的数据 fp.dau1.cast。在这份数据中，对于那些 1 月份访问过的非智能手机用户，标记为“0”的用户为流失用户，标记为“1”的用户为 2 月份通过智能手机来访问的用户。

● fp.dau1.cast

```
##    user_id X1day X2day X3day X4day X5day X6day X7day … X31day is_sp
## 1   471341     1     1     1     1     0     0     0 …      0     1
## 2   503874     1     0     0     0     0     0     0 …      0     0
## 3  1073544     0     0     0     0     0     0     0 …      0     0
## 4  1073864     0     0     0     0     0     0     0 …      0     0
## 5  1163733     1     1     0     0     0     0     0 …      0     1
## 6  1454629     0     0     0     0     0     0     0 …      0     0
```

```
table(fp.dau1.cast$is_sp)
```

● fp.maul

```
##    0   1
## 190  62
```

⇒ 共计190 + 62 = 252名用户的数据

通过 table 函数，我们可以统计出符合要求的数据。经确认，标记为“0”的用户有 190 名，标记为“1”的用户有 62 名，共计 252 名。

基于逻辑回归分析建立模型

```
fit.logit <- step(glm(is_sp ~ ., data = fp.dau1.cast[, -1],
  family = binomial))
summary(fit.logit)
```

```
## Call:
## glm(formula = is_sp ~ X1day + X4day + X5day + X7day + X10day +
##     X13day + X22day + X29day + X31day, family = binomial, data
= fp.dau1.cast[,
##     -1])
##
## Deviance Residuals:
##     Min       1Q   Median       3Q      Max
## -1.9554  -0.4517  -0.2318  -0.0612   2.6946
##
## Coefficients:
##             Estimate Std. Error z value Pr(>|z|)
## (Intercept)    -3.604      0.427   -8.44   <2e-16 ***
## X1day1          1.533      0.572    2.68   0.0073 **
## X4day1          1.775      0.642    2.76   0.0057 **
## X5day1         -1.035      0.762   -1.36   0.1744
## X7day1          1.700      0.711    2.39   0.0168 *
## X10day1        -2.675      0.942   -2.84   0.0045 **
## X13day1         1.373      0.755    1.82   0.0689 .
## X22day1         1.623      0.638    2.54   0.0110 *
## X29day1         2.001      0.648    3.09   0.0020 **
## X31day1         1.731      0.814    2.13   0.0335 *
## ---
## Signif. codes:  0 '***' 0.001 '**' 0.01 '*' 0.05 '.' 0.1 ' ' 1
##
## (Dispersion parameter for binomial family taken to be 1)
##
##     Null deviance: 281.20  on 251  degrees of freedom
## Residual deviance: 126.73  on 242  degrees of freedom
## AIC: 146.7
##
## Number of Fisher Scoring iterations: 6
```

① 残差的分布

② 系数的预估值的概要

③ 赤池信息量准则

我们使用 glm 函数来进行逻辑回归分析。在该函数的使用过程中，需要将选项 family 设为 binomial，才能顺利进行逻辑回归分析。

另外，我们还使用了 step 函数。step 函数以赤池信息量准则（AIC）为标准，能够对模型中自变量的增减进行自动的探寻和选择。在本次的逻辑回归分析中，我们就使用了 step 函数来建立模型。

利用生成的模型来进行预测

利用逻辑回归分析所得到的模型，我们来计算出账号迁转设定的概率。在 R 语言中，可以使用 fitted 函数来获取预测值。

R-CODE 07-11

```
# 智能手机账号迁转设定的概率
fp.dau1.cast$prob <- round(fitted(fit.logit), 2)

# 预测在智能手机上是否进行了账号迁转设定
fp.dau1.cast$pred <- ifelse(fp.dau1.cast$prob > 0.5, 1, 0)

head(fp.dau1.cast)
```

我们将预测值填入 fp.dau1.cast 数据的 prob 属性中。为了接下来的模型可信度分析，我们使用了 ifelse 函数。当预测值大于 0.5 时，就认为这个账号发生了迁转设定，并将其设置为“1”。而当预测值小于或等于 0.5 时，则认为这个账号的用户已经流失了，因此将其设置为“0”。

● fp.dau1.cast

```
##      user_id X1day X2day X3day X4day X5day X6day … X31day is_sp prob pred
## 1   471341     1     1     1     1     0     0 …      0     1 0.43    0
## 2   503874     1     0     0     0     0     0 …      0     0 0.11    0
## 3 1073544     0     0     0     0     0     0 …      0     0 0.00    0
## 4 1073864     0     0     0     0     0     0 …      0     0 0.03    0
## 5 1163733     1     1     0     0     0     0 …      0     1 0.39    0
## 6 1454629     0     0     0     0     0     0 …      0     0 0.10    0
```

到目前为止，我们收集了分析所需的每个用户账号的各种信息。我们首先统计了上个月每一天的用户访问情况，如果当天有访问则设置为“1”，没有访问则设置为“0”。然后计算属性 is_sp 的值，再计算得到 prob 预测值（账号迁转设定的概率），并以 0.5 为基准将属性 pred 设定为离散值 0 和 1。

这里我们使用最后一列属性 pred 来对模型的可信度进行验证。确认预测值和实际值之间差异的方法有很多，一个简单的方法就是使用 table 函数来进行统计。

```
# 预测值和实际值
table(fp.dau1.cast[, c("is_sp", "pred")])
```

```
##        pred
## is_sp    0   1
##      0 180  10
##      1  20  42
```

is_sp 为2月份实际的账号迁转设定情况，
pred 为基于1月份的数据所预测的账号迁转设定情况

在本例中，经由逻辑回归分析生成的模型中预测值为“1”（账号迁转设定）的用户归属于“账号迁转设定（预测值）”那一列，而实际发生账号迁转设定的用户归在了“账号迁转设定（实际值）”那一行。

可以看出，模型预测为“流失”的用户有 180 名，而这 180 名用户确实不再来了，模型预测“账号迁转”的 42 名用户也确实迁转了账号。预测的准确率为 (180 + 42) / (180 + 10 + 20 + 42) = 88%。这个准确率比较高，基本可以认为我们得到了一个值得信赖的预测模型。

根据预测结果来推测用户群

有 10 名用户在模型中的预测结果为“1”（账号迁转设定），而实际上为流失的用户。根据过去的访问情况来推断，这些用户应该进行了账号迁转设定，然而实际上他们却属于流失的用户群体。

下面我们来看一看这些用户的实际访问情况。

```
fp.dau1.cast1 <- fp.dau1.cast[fp.dau1.cast$is_sp == 1 & fp.dau1.
cast$pred == 1, ]
head(fp.dau1.cast1[order(fp.dau1.cast1$prob, decreasing = T), ])
```

在 `fp.dau1.cast1` 中保存了 `is_sp=1`（用智能手机访问过的用户）并且预测值为“1”的用户。然后使用 `order` 函数 `order(fp.dau1.cast1$prob, decreasing = T)`，将 `fp.dau1.cast1` 数据按照 `prob` 列的值由大到小的顺序来排列。

数据中预测值和实际值都为“1”的用户确实是仍在频繁地访问游戏。

● fp.dau1.cast1

```
##      user_id X1day X2day X3day X4day X5day X6day X7day X8day X9day X10day
## 137 24791702     1     1     0     1     0     1     1     1     1      1
## 138 24791702     1     1     0     1     0     1     1     1     1      1
## 22   5526146     1     1     1     1     1     1     1     1     1      1
## 44   9567562     1     1     1     1     1     1     1     1     1      1
## 45   9567562     1     1     1     1     1     1     1     1     1      1
## 86  16557842     1     1     1     1     1     1     1     1     1      1
##     X11day X12day X13day X14day X15day X16day X17day X18day X19day X20day
## 137      1      1      1      1      1      1      1      1      0      1
## 138      1      1      1      1      1      1      1      1      0      1
## 22       1      1      1      1      1      1      1      1      1      1
## 44       1      1      1      1      1      1      1      1      0      1
## 45       1      1      1      1      1      1      1      1      0      1
## 86       1      1      1      1      1      1      1      1      1      1
##     X21day X22day X23day X24day X25day X26day X27day X28day X29day X30day
## 137      1      1      1      1      1      1      1      1      1      1
## 138      1      1      1      1      1      1      1      1      1      1
## 22       1      1      1      1      1      1      1      1      1      1
## 44       1      1      1      1      1      1      1      1      1      1
## 45       1      1      1      1      1      1      1      1      1      1
## 86       1      1      1      1      1      1      1      1      1      1
##     X31day is_sp prob pred
## 137      1     1 1.00    1
## 138      1     1 1.00    1
## 22       1     1 0.99    1
## 44       1     1 0.99    1
## 45       1     1 0.99    1
## 86       1     1 0.99    1
```

接着我们来看一看那些预测值为“1”而实际值为“0”的用户的访问情况。

```
fp.dau1.cast2 <-  fp.dau1.cast[fp.dau1.cast$is_sp  ==  0  & fp.dau1.
cast$pred == 1, ]
head(fp.dau1.cast2[order(fp.dau1.cast2$prob, decreasing = T), ])
```

● fp.dau1.cast2

```
##      user_id X1day X2day X3day X4day X5day X6day X7day X8day X9day X10day
## 109 19432099     1     1     1     1     0     1     1     1     1      1
## 195 41590801     0     0     0     0     0     0     0     0     0      0
## 204 43451947     1     1     1     1     1     0     1     1     1      1
## 198 42276142     1     1     1     1     1     1     0     1     1      1
## 28   6147878     1     0     0     1     1     1     1     1     1      1
## 210 46285446     0     0     0     0     1     1     1     1     1      0
##     X11day X12day X13day X14day X15day X16day X17day X18day X19day X20day
## 109      1      1      1      1      0      1      1      0      1      1
## 195      0      0      0      0      0      0      0      0      0      0
## 204      0      0      0      0      0      0      0      0      1      0
## 198      0      1      1      0      1      1      1      1      1      1
## 28       1      1      1      1      1      1      1      1      1      1
## 210      0      0      1      1      0      1      0      0      0      1
##     X21day X22day X23day X24day X25day X26day X27day X28day X29day X30day
## 109      1      1      1      0      0      0      0      0      0      0
## 195      1      1      0      0      0      0      0      0      1      0
## 204      0      1      0      0      1      0      0      1      1      0
## 198      1      1      1      1      1      1      1      1      1      0
## 28       1      1      1      1      1      1      0      0      0      0
## 210      1      0      1      1      1      1      1      0      1      0
##     X31day is_sp prob pred
## 109      0     0 0.85    1
## 195      1     0 0.85    1
## 204      0     0 0.79    1
## 198      0     0 0.73    1
## 28       0     0 0.67    1
## 210      0     0 0.61    1
```

这里我们也只提取出符合条件的用户数据并保存在 fp.dau1.cast2 中，然后使用 order 函数将数据按照 prob 值由大到小的顺序排列出来。

我们发现，数据中“1”出现的次数很多，这表明大多数用户在 1 月份还是很频繁地访问游戏的。这 10 名用户在这段时间对游戏仍有很强烈的兴趣，不太可能是因为兴趣变淡了而不再访问游戏。

接着我们来看一看那些预测值和实际值都为“0”的用户的访问情况，这类用户已经不再参与游戏了，我们来确认一下他们之前的访问情况。

可以看出，这些用户已经不怎么来访问了，他们对游戏的兴趣在逐渐降低，因此也就慢慢地不再来访问了。

通过上述内容可以看出，本例中建立的模型的可信度较高，也就是说，当初设立的假设“账号迁转设定失败而导致用户流失”的影响较小，从实际人数上来看也只有 10 名用户。

```
fp.dau1.cast3 <- fp.dau1.cast[fp.dau1.cast$is_sp == 0 & fp.dau1.
 cast$pred == 0, ]
head(fp.dau1.cast3[order(fp.dau1.cast3$prob), ])
```

● fp.dau1.cast3

```
##      user_id X1day X2day X3day X4day X5day X6day X7day X8day X9day X10day
## 3    1073544     0     0     0     0     0     0     0     0     0      1
## 11   2541741     0     0     0     0     0     0     0     0     0      1
## 150 27249550     0     0     0     1     1     1     0     0     0      1
## 243 60725457     0     0     0     0     0     0     0     0     0      1
## 71  13967453     0     0     0     0     1     0     0     0     0      0
## 88  16601600     0     0     0     0     1     0     0     0     0      0
##     X11day X12day X13day X14day X15day X16day X17day X18day X19day X20day
## 3        0      0      0      0      0      0      0      0      0      0
## 11       0      0      0      0      0      0      0      0      0      0
## 150      0      1      0      0      0      0      0      0      0      0
## 243      0      0      0      0      0      0      0      0      0      0
## 71       0      0      0      0      0      0      0      0      0      0
## 88       0      0      0      0      0      0      0      0      0      0
##     X21day X22day X23day X24day X25day X26day X27day X28day X29day X30day
## 3        0      0      1      1      1      0      0      0      0      0
## 11       0      0      0      0      0      0      0      0      0      0
## 150      0      0      0      0      0      0      0      0      0      0
## 243      0      0      0      0      0      0      0      0      0      0
## 71       0      0      0      0      0      0      0      0      0      0
## 88       0      0      0      0      0      0      0      0      0      0
##     X31day is_sp prob pred
## 3        0     0 0.00    0
## 11       0     0 0.00    0
## 150      0     0 0.00    0
## 243      0     0 0.00    0
## 71       0     0 0.01    0
## 88       0     0 0.01    0
```

第8章

案例❻—聚类

应该选择什么样的目标用户群

社交游戏的用户分类

我们发现《黑猫拼图》游戏的用户数量在经历了一段时间的持续增长后，最近几个月一直停滞不前。之前公司都是以扩展新用户为重点，而今后也需要关注如何服务好已有的游戏用户。因此，我们需要利用数据分析来了解现有的用户有何特点。那么我们该怎么做呢?

8.1 希望了解用户的特点

将重点由新用户转移到已有用户上

我们在传统媒体上投放《黑猫拼图》游戏的广告后，用户人数持续增长，但最近几个月却一直停滞不前。到目前为止，由于流入的新用户数量较多，我们一直都是以新用户为主要目标来开展运营活动的，而今后也需要关注如何服务好已有的游戏用户，游戏的策划和运营部门提出了这样的要求。

为了更好地服务已有的游戏用户，非常重要的一点就是了解已有用户的特点，于是我们可以利用数据分析来完成这一工作。和之前的案例不同，本例中我们所面临的问题并没有清晰地呈现在面前，因此很难确定案例的现状和预期。这里我们可以认为现状是“目标用户群不明确”，而预期是“明确目标用户群”。

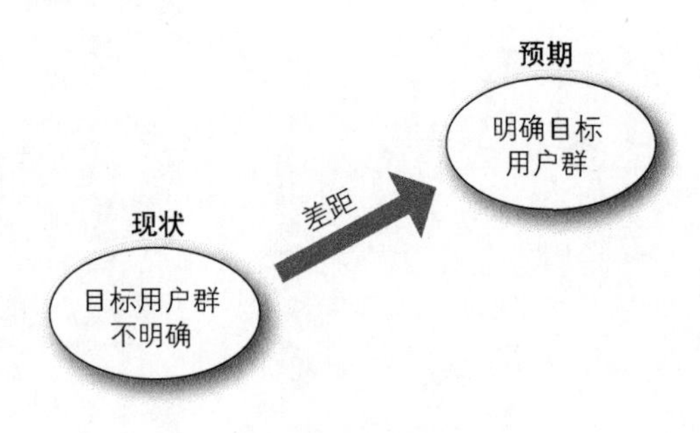

第 8 章的现状和预期

8.2 基于行为模式的用户分类

通过已有的市场细分无法明确目标用户群

为了了解“市场是由哪些人组成的”，我们可以使用“市场细分”（Segmentation）的方法。过去“市场细分”的方法通常是使用用户的属性信息来进行分类。例如，“本公司的主要目标用户是 20 ~ 30 岁的女性”就是使用年龄段来对用户进行分类。然而，这样的分类方法太过简单，并不能充分地反映游戏用户群体的特点。同时，这样的用户分类粒度太粗，我们无法根据用户的喜好来采取相应的运营措施。另外，在用户玩游戏的时间点原本就会出现游戏策划阶段选定的目标用户群，所以得出的结果也是理所当然的。例如，如果我们在游戏的策划阶段就将“20 ~ 30 岁的男性”选定为我们的目标用户群，那么即使在市场细分后得出了“20 多岁的男性用户很多”这样的结论，这个结论也是已知的了。

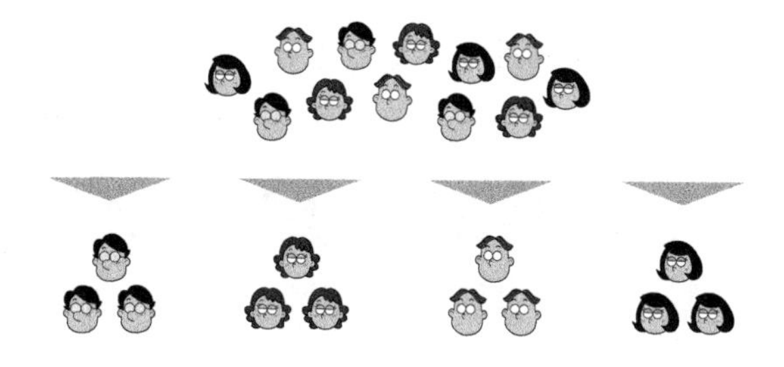

常见的市场细分

能否根据用户的行为模式来进行用户分类

本例中我们进行市场细分的目的并不仅仅是单纯对用户进行分类，而是方便今后实施运营策略。像之前所说的“20～25 岁的男性用户”这样的市场细分就不能为今后的运营策略提供参考。

因此，我们考虑通过用户在游戏中的行为模式来进行市场细分，具体如下所示。

- **经常参与战斗的用户**
- **经常主动约战他人的用户**
- **经常协助他人的用户**
- **经常和他人发消息互动的用户**

也就是说，我们的方法是利用用户经常进行的行为来理解用户的喜好。

根据行为日志来进行市场细分

另外，我们可以参照各个用户类别的 KPI（重要业绩评价指标）得到 KPI 高的用户类别和 KPI 低的用户类别在行为上有何差异，由此来讨论应该如何促使用户的行为变化来提升 KPI。

将分析的结果与运营策略相结合

基于上面的假设，我们和游戏的策划部门进行了讨论，对方的意见是：

- **这样的市场细分可以方便我们根据不同的用户类别采取相应的运营策略**

另外，我们在讨论的过程中还得到了两个新的观点：

- **在游戏内部各种活动的排行榜上，不同用户类别的差异也很大**
- **排名靠前的用户需要重点对待，我们可以从此处着手**

积极参与游戏活动的用户和对游戏不热心的用户确实大不相同。另外，由于《黑猫拼图》游戏的销售额主要来自于排名靠前的用户，因此充分了解这些用户的特点是非常重要的。

在本例中，我们就以排名靠前的用户为分析对象，利用这些用户的行为模式来进行市场细分。

8.3 把主成分作为自变量来使用

探讨分析所需的数据

下面我们来整理一下事实和假设，并探讨如何收集和加工分析所需的数据。

1. 排名靠前的用户产生的销售额占总销售额的比例很高 （事实）
2. 根据用户的行为模式，可以基于“喜欢参与战斗的用户”“喜欢交流的用户”等用户喜好进行市场细分 （假设）
3. 根据各个用户类别来采取相应的运营策略 （解决方案）

按照上述流程，我们以排名靠前的用户群体为对象，将行为模式相似的用户划分在同一组里，并对不同的组采取不同的运营策略。首先，为了找出用户的行为模式，我们需要有用户的行为数据。在《黑猫拼图》游戏中，用户有如下行为。

- 主动参与战斗
- 发送消息
- 发出 / 接收救援请求
- 打败敌方首领

用户的这些行为都以共同的格式保存在行为日志当中。我们有两份行为日志，其中一份是以秒为单位来保存的，而另一份是每天的行为统计数据。在本例中，我们没有必要使用以秒为单位的日志，使用每天的行为统计数据就足够了。这份数据如下所示。其中列 A1 ~ A54 表示各种行为的编码，这些行为的编码和行为日志名称是通过另外一份数据表来管理的。

⇨ R-CODE 08-01 ~ R-CODE 08-03

● Action

	访问日期	应用名	用户 ID	A1	A2	A3	…	A52	A53	A54
1	2013 年 10 月 31 日	《黑猫拼图》	654133	0	0	0	…	0	0	46
2	2013 年 10 月 31 日	《黑猫拼图》	425530	0	0	0	…	0	0	71
3	2013 年 10 月 31 日	《黑猫拼图》	709596	0	0	0	…	0	0	2
4	2013 年 10 月 31 日	《黑猫拼图》	525047	0	2	0	…	0	0	109
5	2013 年 10 月 31 日	《黑猫拼图》	796908	0	0	0	…	0	0	64
…	…	…	…	…	…	…	…	…	…	…

另外，我们还需要知道各个用户类别的 KPI 数据。在本例中，我们需要 5 月到 10 月的 ARPU 数据（Average Revenue Per User，平均消费金额）和平均访问天数的数据。这两份 KPI 数据可以通过下面的数据计算得出。

● DAU

	访问日期	应用名	用户 ID
1	2013 年 5 月 1 日	《黑猫拼图》	802761
2	2013 年 5 月 1 日	《黑猫拼图》	795239
3	2013 年 5 月 1 日	《黑猫拼图》	413381
4	2013 年 5 月 1 日	《黑猫拼图》	721356
5	2013 年 5 月 1 日	《黑猫拼图》	776853
…	…	…	…

● DPU

	访问日期	应用名	用户 ID	消费金额
1	2013 年 10 月 1 日	《黑猫拼图》	106832	2858
2	2013 年 10 月 1 日	《黑猫拼图》	106832	571
3	2013 年 10 月 1 日	《黑猫拼图》	476345	81
4	2013 年 10 月 1 日	《黑猫拼图》	476345	243
5	2013 年 10 月 1 日	《黑猫拼图》	885585	405
…	…	…	…	…

数据加工

将上述两份数据进行分类后就可以算出两份 KPI 数据了。

DAU

DPU

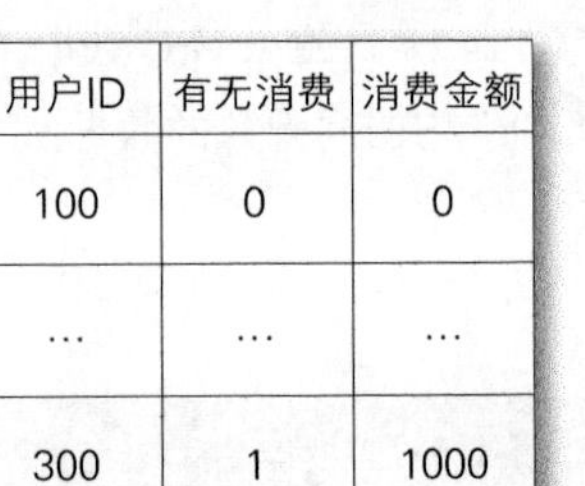

日期	用户ID	有无消费	消费金额
10/1	100	0	0
…	…	…	…
10/31	300	1	1000

月份	用户ID	消费金额	访问天数
10	100	0	22
10	200	200	25
…	…	…	…
10	300	3000	31

- 以 log_data 和 user_id 作为 key 来合并两份数据
- 没有消费的记录用 0 来标识
- 分别按月和按每个用户来统计总的消费金额和访问天数

	访问月份	用户 ID	消费金额	访问天数
1	2013 年 10 月	55	0	1
2	2013 年 10 月	68	0	1
3	2013 年 10 月	69	0	5
4	2013 年 10 月	149	0	19
5	2013 年 10 月	220	0	2
…	…	…	…	…

将生成的数据和用户分类结果合并，就能够计算出每个用户类别的 ARPU 和平均访问天数了。

讨论分析方法

现在我们来讨论如何使用上述行为数据将相似的用户划分到同一组里，这种情况下适合使用聚类的方法。在本例中，我们使用一种被称为“k-means”的聚类方法。这种方法的处理步骤如下所示。

① 选定 k 个初始聚类中心点
② 计算各个数据点和①中 k 个类的中心点的距离，并将每个数据点分类到离它最近的那个中心点的类中
③ 重新计算每个类的中心点
④ 循环执行②和③直至中心点不再发生变化

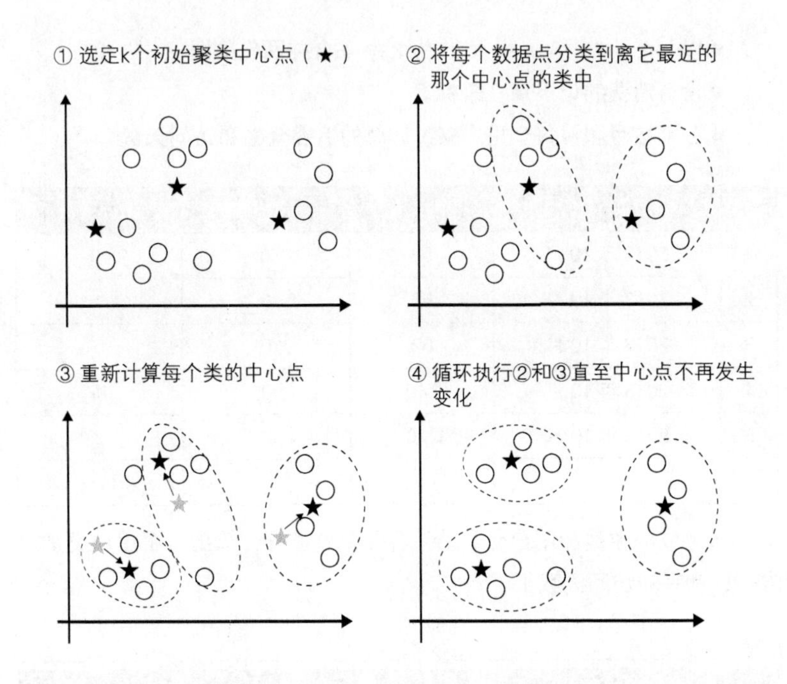

定义“排名靠前的用户”

在本例中，我们分析的对象是“排名靠前的用户”，然而这个“排名靠前的用户”具体是指排在前多少位的用户呢？是指前 100 名用户？还是前 500 名用户？还是前 20% 的用户呢？在本例中，我们试着从数据导出答案。

排行榜是由用户的排行榜得分来决定的。我们将用户按照排行榜得分由高到低描绘在坐标轴上，就得到了第 3 章介绍的“幂律分布”。根据排行榜得分的分布，可以将用户分为 3 类：重度用户、中度用户和轻度用户。其中重度用户和中度用户一起被定义为“排名靠前的用户”。

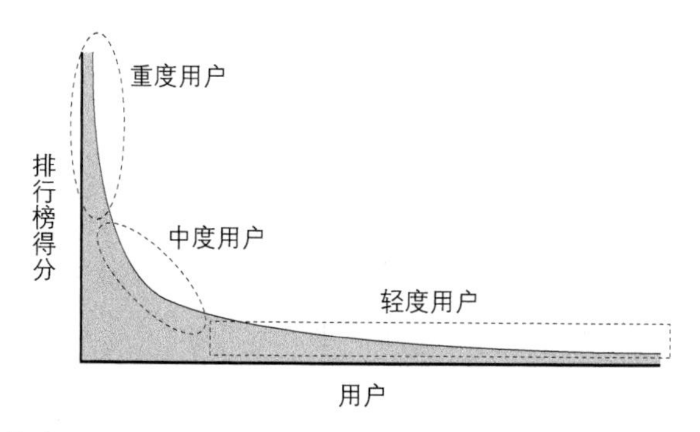

那么如何将用户分成这 3 类呢？可以使用之前介绍的 k-means 方法，将排行榜得分作为变量，把用户分为 3 个类。

根据排行榜得分来进行聚类

用户ID	排行榜得分	…
100	100	…
300	200	…
…	…	…
700	10000	…
1000	2000	…

用户ID	排行榜得分	…	类
100	100	…	轻度
300	200	…	轻度
…	…	…	…
700	10000	…	重度
1000	2000	…	中度

限定重度或中度的用户类

用户ID	排行榜得分	…	类
…	…	…	…
700	10000	…	重度
1000	2000	…	中度

聚类后我们得到了 3 个类，如下图所示。

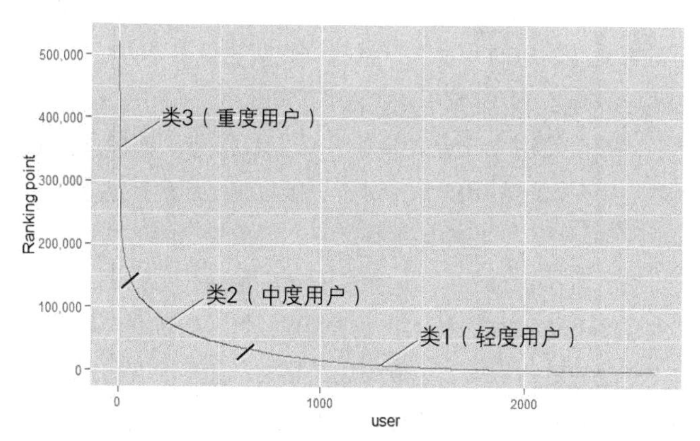

在这 3 个类当中，我们将“重度用户”和“中度用户”这两类作为分析的对象。

⇨ R-CODE 08-08

排除数值大都为 0 的变量和相关性较高的变量

行为日志里保存着用户所有行为的记录，可能存在各个行为之间相互影响的情况。另外，由于用户有的行为并没有发生，因此值为 0 的行为记录有很多。所以我们实际上拿到的数据并不会像教科书中的数据那样工整。在这种情况下，很有可能无法执行 k-means 方法，因此我们要将数值大都为 0 的变量和相关性较高的变量删除掉。

⇨ R-CODE 08-09

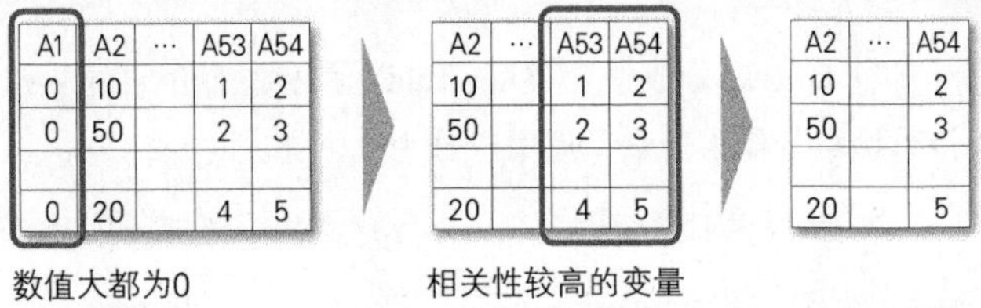

A1	A2	…	A53	A54
0	10		1	2
0	50		2	3
0	20		4	5

数值大都为0

A2	…	A53	A54
10		1	2
50		2	3
20		4	5

相关性较高的变量

A2	…	A54
10		2
50		3
20		5

利用主成分分析进行正交变换

到目前为止，我们将数值大都为 0 的变量和相关性较高的变量都删除了，并得到了工整的数据。然而，虽然删除了相关性较高的变量，但还是存在相关性较弱的变量。虽然此时直接执行聚类方法也是可行的，但我们还是希望自变量能够尽量相互正交。

于是，我们使用主成分分析的方法变换得到没有相关性的主成分值。例如，如下面的左图所示，对于“参与战斗的次数越多，对战敌方首领的次数也就越多”这样的数据，我们需要找出能将数据散布最大化的轴线，如下面中间的图所示。我们将这根轴线作为第 1 主成分，并将和第 1 主成分正交的轴线作为第 2 主成分，然后旋转这两根轴线，使得第 1 主成分成为横轴，第 2 主成分成为纵轴，如下面右边的图所示。这样我们就将原数据变换成了没有相关性的数据。

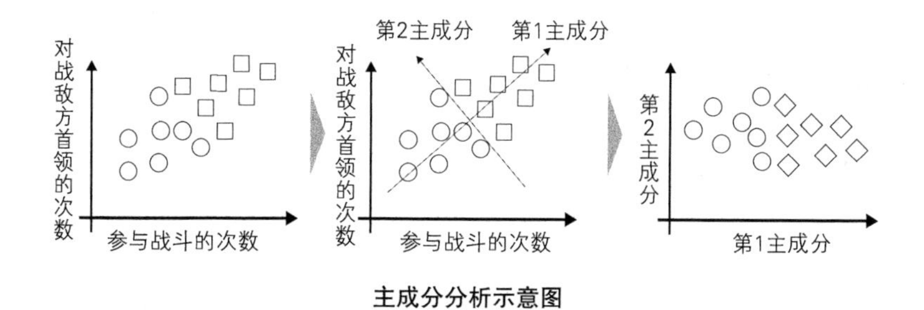

主成分分析示意图

对之前获得的行为日志数据进行主成分分析后，获得了下面的数据。

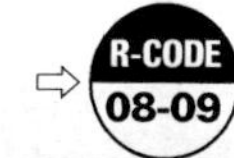

用户 ID	PC1	PC2	PC3	PC4	PC5	PC6	PC7	…	PC18	PC19
425530	3.2613	–0.6329	–2.1274	–0.2657	–1.8300	0.4262	1.4312	…	–1.0741	0.2789
776120	4.0961	1.8439	–0.3289	0.7821	1.6862	–0.6565	0.1899	…	0.1395	–0.5239
276197	–0.8029	–0.3686	0.1383	–0.7093	0.1941	0.1815	1.5204	…	0.1074	0.0249
221572	–3.5390	0.2427	1.0547	–0.4889	–0.9875	–0.3297	0.3507	…	0.5941	0.1645
692433	–1.3360	0.2114	–0.1752	0.1639	–0.8298	–0.8614	0.0972	…	0.2270	–0.1740
…	…	…	…	…	…	…	…	…	…	…

经过上面的处理，我们就获得了可用于进行聚类的数据。

8.4 进行聚类

需要设置多少个类

在得到可用于进行聚类的数据之后，我们就可以对数据进行聚类了。但在这之前还有一个问题没有解决，那就是需要确定设置多少个类。虽说 k-means 是一种非常方便的方法，但分析者需要确定类的个数。在本例中，我们的目的是要了解《黑猫拼图》游戏用户的特点，因此如果用户类的个数过多则结果会难以解释，也就达不到我们的目的。于是，我们首先和游戏策划的负责人进行了沟通，并确定了 3 ~ 6 个用户类解释起来会比较方便。

在确定了用户类的数量的范围后，我们会对该范围内的类个数逐一进行聚类，最终选取最合适的类个数。但是，如何确定最合适的数量呢？方法有很多，此处我们把能使所有类中第 1 主成分的散布最小的类的个数作为最合适的数量。从结果来看，类个数为 5 时散布最小，因此我们就设置 5 个类。

⇨ R-CODE 08-10

类个数	1	2	3	4	5
第 1 主成分的散布	23	230	59	195	50

第 1 主成分和第 2 主成分的分布如下图所示。

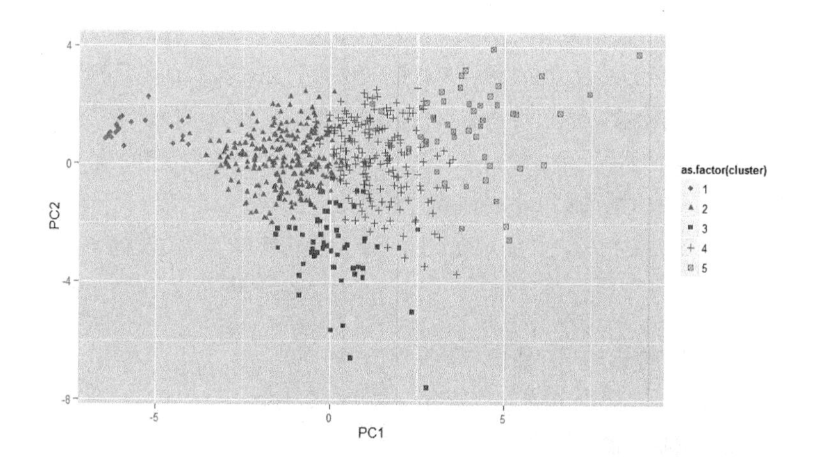

在雷达图上进行类特征的可视化

在能够进行聚类后，接着就要研究类的特征了。通常我们只是通过类的一些平均值来观察其特征，其实还可以通过一种叫作雷达图的图形来观察类之间的差异，如下图所示，类之间的差异一目了然。

⇨ R-CODE 08-12 ~ R-CODE 08-15

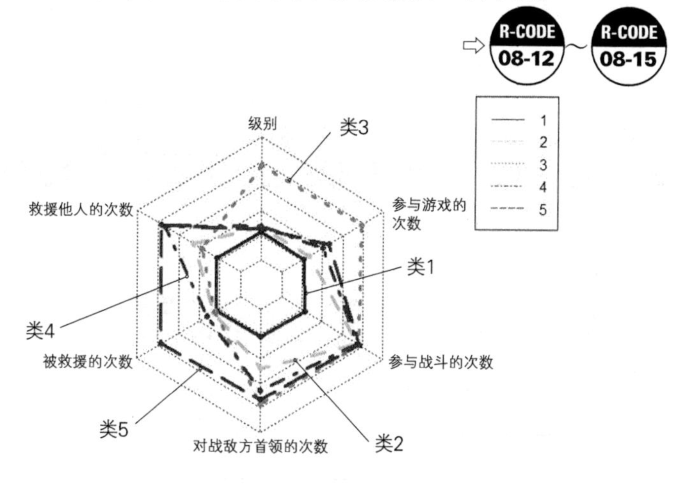

各个用户类的行为特征

通过观察上图，我们发现类 3 和类 5 比较特殊。类 3 和其他类相比，“救援他人的次数”和“被救援的次数”比较少，而“级别”和“参与游戏的次数”的值特别高。根据这些特征，我们可以认为类 3 的用户更倾向于自力更生。反过来看类 5，“救援他人的次数”和“被救援的次数”都很高，所以我们认为这个类的用户经常互相帮助。同样地，我们可以根据类的特征对剩下的几个类进行解释，所有类的情况如下所示。

1.（排名靠前的用户当中）轻度用户

⇨ 和其他类的用户相比所有的属性值都偏低

2. 经常帮助他人的用户①

⇨ 救援他人的次数较多

3. 自力更生的用户

⇨ 救援和被救援的次数较少，参与游戏的次数较多

4. 经常帮助他人的用户②

⇨ 救援他人的次数较多

5. 经常互相帮助的用户

⇨ 救援他人和被救援的次数都很多

分析每个类的 KPI

最后我们来计算每个类的 ARPU 和平均访问天数，最后的结果如下表所示。

⇨ R-CODE 08-16

	类	ARPU	访问天数
1	1	1065	20
2	2	259	24
3	3	75	14
4	4	146	26
5	5	1543	28

可以看出，类 5（经常互相帮助的用户）的 ARPU 和平均访问天数相比其他类是最高的，类 2 和类 4（经常帮助他人的用户）相比于类 3（自力更生的用户）在这两个指标上的值也要高，由此我们可以得知“是否经常帮助他人或被他人帮助”这一点非常重要。另外，类 1（轻度用户）的 ARPU 值非常高，这促使我们重新审视这个类中用户的特点。相比于之前给出的轻度用户的解释，我们觉得这个类的用户更可能是那些为了登上排行榜顶端而正在努力的用户。

8.5 解决对策

探讨促使用户互相帮助的策略

对排名靠前的用户进行聚类后，我们得到以下结论。

- **排名靠前的用户群体可以分为 5 个类别**
- **经常互相帮助的用户的 KPI 较高**

基于上述分析结果，在和游戏策划部门沟通之后，我们决定首先尝试促使游戏用户之间互相帮助的策略。

使市场细分结果的汇报常态化

在采取以促使用户行为变化为目标的策略时，基于用户行为的市场细分也可以用来确认该策略是否有效。在本例中，我们采取了促使游戏用户互相帮助的策略，而实际上互相帮助的用户是否有所增加，我们可以通过市场细分来定量地确认。

因此，我们将之前的分析设置为每天自动执行，并将分析结果以邮件的方式发送给相关负责人。基于这种反馈，形成“策略商讨 → 执行 → 改善”这样一套完整的流程。

8.6 小结

在本章中，我们对数据进行了聚类分析。由于真正的商业数据并不是像教科书中的数据那样工整，因此我们在实际进行分析之前需要对数据进行前期的处理。在本例中，我们把没有什么信息量的变量和相关性较高的变量过滤掉，并使用主成分分析进行正交变换完成了前期的数据处理。

最终我们基于用户的行为模式将用户分成 5 个类别，明确了用户的特点。另外，为了将 PDCA（重复执行计划（Plan）→ 实施（Do）→ 评价（Check）→ 改善（Art）这 4 步的商业验证循环）付诸实施，我们将本例中的分析设置成自动执行，并稳定地发送邮件汇报，形成了“策略商讨 → 执行 → 改善”这样一套完整的流程。

分析流程	第 8 章中数据分析的成本
现状和预期	低
发现问题	中
数据的收集和加工	高
数据分析	高
解决对策	低

8.7 详细的R代码

生成用于读入数据的函数

首先，生成用于获取指定日期数据的函数。

R-CODE 08-01

```
library(plyr)
library(foreach)

readTsvDates <- function(base.dir, app.name, date.from, date.to) {
    date.from <- as.Date(date.from)
    date.to <- as.Date(date.to)
    dates <- seq.Date(date.from, date.to, by = "day")
    x <- ldply(foreach(day = dates, combine = rbind) %do% {
        read.csv(sprintf("%s/%s/%s/data.tsv", base.dir, app.name, day),
                 header = T,
             sep = "\t", stringsAsFactors = F)
    })
    x
}
```

然后，生成用于获取其他各个数据的专用函数。这样做的好处在于，可以提高数据的可读性，而且万一获取数据的路径发生了变动，也只需修改相应的函数即可。

R-CODE 08-02

```
# 读入DAU数据的函数
readDau <- function(app.name, date.from, date.to = date.from) {
    data <- readTsvDates("sample-data/section8/daily/dau", app.
    name, date.from, date.to)
    data
}
```

```
# 读入DPU数据的函数
readDpu <- function(app.name, date.from, date.to = date.from) {
    data <- readTsvDates("sample-data/section8/daily/dpu", app.
    name, date.from, date.to)
    data
}

# 读入行为数据的函数
readActionDaily <- function(app.name, date.from, date.to = date.
    from) {
    data <- readTsvDates("sample-data/section8/daily/action", app.
    name, date.from, date.to)
    data
}
```

读入数据

R-CODE 08-03

```
# DAU
dau <- readDau("game-01", "2013-05-01", "2013-10-31")
head(dau)
# DPU
dpu <- readDpu("game-01", "2013-05-01", "2013-10-31")
head(dpu)
# Action
user.action <- readActionDaily("game-01", "2013-10-31", "2013-10-
31")
head(user.action)
```

● DAU

```
##     log_date app_name user_id
## 1 2013-05-01  game-01  608801
## 2 2013-05-01  game-01  712453
## 3 2013-05-01  game-01  776853
## 4 2013-05-01  game-01  823486
## 5 2013-05-01  game-01  113600
## 6 2013-05-01  game-01  452478
```

● DPU

```
##      log_date app_name user_id payment
## 1 2013-05-01  game-01  804005     571
## 2 2013-05-01  game-01  793537      81
## 3 2013-05-01  game-01  317717      81
## 4 2013-05-01  game-01  317717      81
## 5 2013-05-01  game-01  426525     324
## 6 2013-05-01  game-01  540544     243
```

● Action

```
##     log_date app_name user_id A1 A2 A3 A4 A5 A6  A7 ······ A51 A52 A53 A54
## 1 2013-10-31  game-01  654133  0  0  0  0  0  0   0 ······   0   0   0  46
## 2 2013-10-31  game-01  425530  0  0  0  0 10  1 233 ······   4   0   0  71
## 3 2013-10-31  game-01  709596  0  0  0  0  0  0   0 ······   0   0   0   2
## 4 2013-10-31  game-01  525047  0  2  0  0  9  0   0 ······   0   0   0 109
## 5 2013-10-31  game-01  796908  0  0  0  0  0  0   0 ······   0   0   0  64
```

将 DAU 和 DPU 合并

```
# 合并消费额数据
dau2 <- merge(dau, dpu[, c("log_date", "user_id", "payment"), ],
by = c("log_date", "user_id"), all.x = T)

# 添加消费额标志位
dau2$is.payment <- ifelse(is.na(dau2$payment), 0, 1)
head(dau2)

# 将无消费记录的消费额设为0
dau2$payment <- ifelse(is.na(dau2$payment), 0, dau2$payment)
head(dau2)
```

```
##     log_date user_id app_name payment is.payment
## 1 2013-05-01    1141  game-01      NA          0
## 2 2013-05-01    1689  game-01      NA          0
## 3 2013-05-01    2218  game-01      NA          0
## 4 2013-05-01    3814  game-01      NA          0
## 5 2013-05-01    3816  game-01      NA          0
## 6 2013-05-01    4602  game-01      NA          0
```

按月统计

R-CODE 08-05

```
# 增加一列表示月份
dau2$log_month <- substr(dau2$log_date, 1, 7)

# 按月统计
mau <- ddply(dau2, .(log_month, user_id), summarize,
    payment = sum(payment),access_days = length(log_date))

head(mau)
```

```
##   log_month user_id payment access_days
## 1   2013-05      65       0           1
## 2   2013-05     115       0           1
## 3   2013-05     194       0           1
## 4   2013-05     426       0           4
## 5   2013-05     539       0           1
## 6   2013-05     654       0           1
```

确定排名的范围

k-means 方法可以通过 kmeans 函数来执行，但该方法的缺点是结果不稳定。ykmeans 程序包中的 ykmeans 函数，在内部将 kmeans 函数执行了 100 次，因此能够获得稳定的结果。

R-CODE 08-06

```
library(ykmeans)
library(ggplot2)
library(scales)

# A47为排行榜得分
user.action2 <- ykmeans(user.action, "A47", "A47", 3)
# 每个类的人数
table(user.action2$cluster)
```

```
## 	1	2	3
## 2096  479   78
```

排行榜得分的分布

R-CODE 08-07

```
# 排行榜得分的分布
ggplot(arrange(user.action2, desc(A47)),
       aes(x = 1:length(user_id), y = A47,
       col = as.factor(cluster), shape = as.factor(cluster))) +
    geom_line() +
    xlab("user") +
    ylab("Ranking point") +
    scale_y_continuous(label = comma) +
    ggtitle("Ranking Point") +
    theme(legend.position = "none")
```

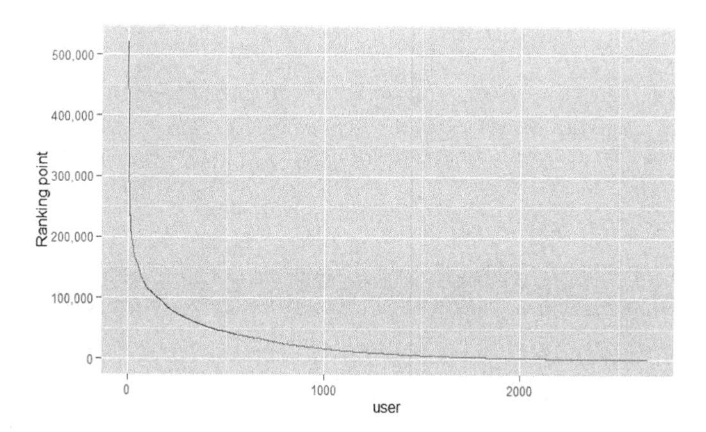

限定排名靠前的用户

```
user.action.h <- user.action2[user.action2$cluster >= 2,
   names(user.action)]
```

进行主成分分析

R-CODE 08-09

```
# 用于机器学习的库
# 利用库中包含的函数进行数据的前期处理
library(caret)

user.action.f <- user.action.h[, -c(1:4)]
row.names(user.action.f) <- user.action.h$user_id
head(user.action.f)

# 删除那些信息量小的变量
nzv <- nearZeroVar(user.action.f)
user.action.f.filterd <- user.action.f[,-nzv]

# 删除那些相关性高的变量
user.action.cor <- cor(user.action.f.filterd)
highly.cor.f <- findCorrelation(user.action.cor,cutoff=.7)
```

```
user.action.f.filterd <- user.action.f.filterd[,-highly.cor.f]
# 进行主成分分析
# pca
user.action.pca.base <- prcomp(user.action.f.filterd, scale = T)
user.action.pca.base$rotation
```

进行聚类

这里我们使用 ykmeans 函数来执行 k-means 方法。可以将类的个数以向量的形式传给 ykmeans 函数，函数会对每个类的个数执行一次 kmeans 聚类，最后将平均散布最小的类的个数作为聚类的结果返回。

R-CODE 08-10

```
user.action.pca <- data.frame(user.action.pca.base$x)
keys <- names(user.action.pca)

user.action.km <- ykmeans(user.action.pca, keys, "PC1", 3:6)
table(user.action.km$cluster)
```

```
##   1   2   3   4   5
##  23 230  59 195  50
```

R-CODE 08-11

```
ggplot(user.action.km,
aes(x=PC1,y=PC2,col=as.factor(cluster), shape=as.factor(cluster))) +
  geom_point()
```

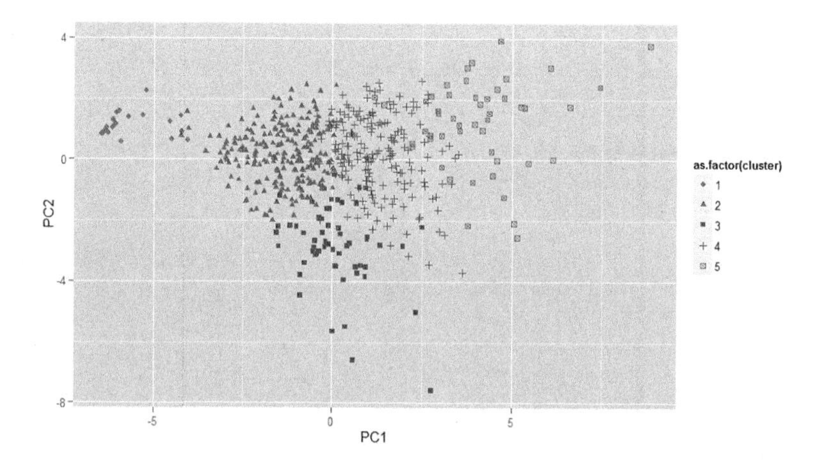

k-means 聚类的结果

计算每个类的平均值

R-CODE 08-12

```
user.action.f.filterd$cluster <- user.action.km$cluster

user.action.f.center <-
ldply(lapply(sort(unique(user.action.f.filterd$cluster)),
    function(i) {
        x <- user.action.f.filterd[user.action.f.filterd$cluster == i,
-ncol(user.action.f.filterd)]
        apply(x, 2, function(d) mean(d))
}))
```

生成用于雷达图的数据

```
library(fmsb)
# 对雷达图所需的数据进行整理的函数
createRadarChartDataFrame <- function(df) {
    df <- data.frame(df)
```

```
    dfmax <- apply(df, 2, max) + 1
    dfmin <- apply(df, 2, min) - 1
     as.data.frame(rbind(dfmax, dfmin, df))
}

# 排除相关性较高的变量
df <- user.action.f.center[, -(ncol(user.action.f.center) - 1)]
df.cor <- cor(df)
df.highly.cor <- findCorrelation(df.cor, cutoff = 0.91)
                                                      # 手动调整使得数据易于解释
df.filterd <- df[, -df.highly.cor]

# 生成雷达图所需的数据
df.filterd <- createRadarChartDataFrame(scale(df.filterd))
names(df.filterd)
```

```
## [1] "A2"  "A11" "A13" "A43" "A44" "A51"
```

通过其他表格进行确认后，得到了下面的表格，因此这里重新填上属性名。

A2	A11	A13	A43	A44	A51
级别	救援他人的次数	被救援的次数	对战敌方首领的次数	参与战斗的次数	参与游戏的次数

R-CODE 08-14

```
names(df.filterd) <- c("级别", "救援他人的次数", "被救援的次数",
    "对战敌方首领的次数", "参与战斗的次数", "参与游戏的次数")
```

画出雷达图

```
library(sysfonts)
library(showtext)
#雷达图中显示中文需要先导入字体
radarchart(df.filterd, seg = 5, plty = 1:5, plwd = 4, pcol = rainbow(5))
legend("topright", legend = 1:5, col = rainbow(5), lty = 1:5)
```

※ 在中文系统中，为了在生成的雷达图中显示中文，请先执行 library(sysfonts) 和 library(showtext) 命令。

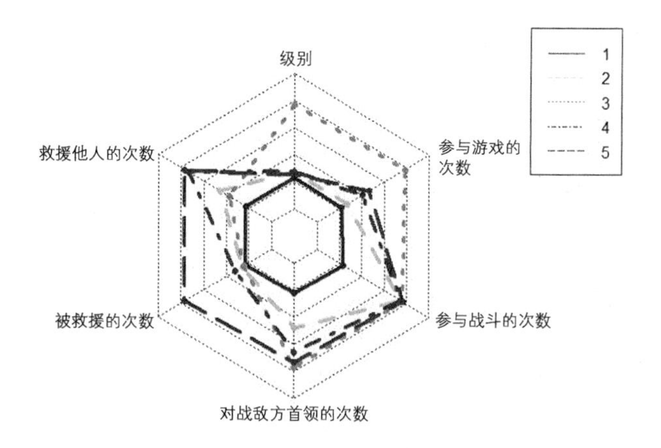

各个用户类别的行为特征

- **针对各个用户类的解释**

1. **（排名靠前的用户当中）轻度用户**

   ⇒ 和其他类的用户相比所有的属性值都偏低

2. **经常帮助他人的用户①**

   ⇒ 救援他人的次数较多

3. **自力更生的用户**

   ⇒ 救援和被救援的次数较少，参与游戏的次数较多

4. **经常帮助他人的用户②**

   ⇒ 救援他人的次数较多

5. **经常互相帮助的用户**

   ⇒ 救援他人和被救援的次数都很多

计算每个类的 KPI

R-CODE 08-16

```
user.action.f.filterd$user_id <-
  as.numeric(rownames(user.action.f.filterd))
user.action.kpi <- merge(user.action.f.filterd, mau,by = "user_id")

ddply(user.action.kpi, .(cluster), summarize,
arpu = round(mean(payment)),
access_days = round(mean(access_days)))
```

```
##   cluster arpu access_days
## 1       1 1065          20
## 2       2  259          24
## 3       3   75          14
## 4       4  146          26
## 5       5 1543          28
```

第9章

案例 ❼—决策树分析

具有哪些行为的用户会是长期用户

弄清长期参与社交游戏用户的行为特征

现在《黑猫拼图》游戏的运营状态良好，但是相比其他应用，《黑猫拼图》的很多用户在开始游戏后不久就离开了。为了改善这种情况，我们进行了探讨，希望通过数据分析弄清楚在开始游戏后用户什么样的行为会促使该用户今后也能持续来访，从而为改善现有的游戏策划方案提供参考。那么我们该怎么做呢?

9.1 希望减少用户开始游戏后不久就离开的情况

和其他应用相比，用户开始游戏后不久就离开的情况较多

目前《黑猫拼图》游戏运营情况良好，已经是公司稳定的收益来源。这款游戏虽然没有什么和收益相关的大问题，但还是存在几处令人担心的地方。其中用户开始游戏后不久就离开的情况，在这款游戏中要比其他应用严重得多。由于这款游戏在传统媒体上投放了大量的广告，并且比其他应用的用户规模都要大，因此不仅是核心用户群，轻度用户群的人数也比其他应用多，这有可能是导致这一问题的原因之一。尽管如此，既然我们好不容易让用户开始了游戏，那么就希望他们能够成为游戏的长期用户，这也是游戏的策划和运营部门所希望的。

因此，我们需要灵活运用数据分析，制定出合理的运营策略来尽量留住用户。当前我们面临的现状是“开始游戏后不久便离开的用户较多”，而我们的预期是“开始游戏后不久便离开的用户很少”。

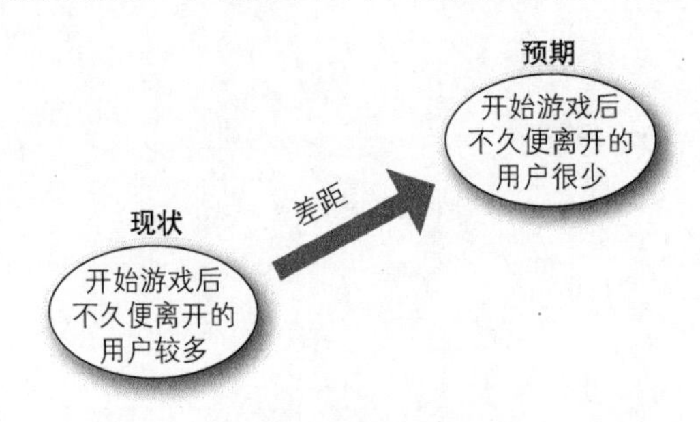

第 9 章的现状和预期

9.2 了解“乐趣”的结构

与其探究用户离开的原因，不如寻找用户继续访问的理由

在本例中，我们不是要解决一个显而易见的问题，而是希望通过灵活运用数据分析来给用户提供更好的服务。《黑猫拼图》游戏和其他应用相比，服务的规模较大，并且在传统媒体上投放了广告，因此轻度用户群的数量估计也很多。跟核心用户相比，轻度用户对游戏不太上心，所以通常这些用户继续游戏的可能性也不太高。因此，即使我们调查分析了用户离开的主要原因，仍有可能得不到什么有用的信息。于是，与其去探究用户离开的原因，不如从那些长期访问游戏的用户的行为入手，去寻找用户继续访问游戏的理由。继续访问游戏的用户应该是由于某些原因在游戏的过程中体会到了游戏的“乐趣”，所以我们需要通过数据分析的方式来找出这些原因，进而探讨能够将这种“乐趣”更好地传递给用户的策划方案。

分解“乐趣”的要素

下面我们来考察一下为什么那些游戏的长期用户能够体会到游戏的“乐趣”。由于每个人对于“乐趣”的看法可能都不一样，因此光说“乐趣”还不行，我们需要对《黑猫拼图》游戏的“乐趣”进行定义，并根据这个定义来做进一步的考量。因此，让我们首先从分解这种“乐趣”的构成要素入手。

《黑猫拼图》游戏的用户在初期能够进行的行为大体分为下面 3 个，因此我们认为《黑猫拼图》游戏初期的“乐趣”就是由这 3 个要素构成的。

- **战斗：对战其他用户**
- **协作：和其他用户协作共同打败敌方首领**
- **发送消息：向其他用户发送消息**

我们将上面的行为称为“社交行为”，游戏用户的这些行为会相互影响。在社交游戏当中，这些社交行为要素有很多，它们让用户切实感觉到其他用户的存在，并促使用户继续访问游戏。

如上所述，我们将“乐趣”这类模糊的说法分解成具体的行为和功能，从而使得针对具体分析和策略的讨论成为可能。

量化“社交行为”

下面我们从数据分析的角度来看上述 3 种社交行为。

通过初步观察数据，我们发现流失的用户大都是在开始游戏后的 1 周内就不再来访了，因此我们可以设立假设：用户是否会长期来访游戏取决于用户在开始游戏后的 1 周内的行为。接着我们就要思考如何用数值来量化上述社交行为。首先应当想到的就是这些社交行为在用户开始游戏后的 1 周内发生了多少次。通过这些数值的大小，就可以得知用户从《黑猫拼图》游戏中寻求的“乐趣”。

- **战斗次数很多的情况：喜欢在游戏中对战其他用户**
- **协作次数很多的情况：喜欢在游戏中通过和其他用户协作击败敌方首领**
- **发送消息次数很多的情况：喜欢和游戏中的其他用户交流**

当我们明确了大多数用户的需求后，就可以制定针对性更强的游戏运营策略，从而促使更多的用户长期来访问我们的游戏。

接着我们需要考虑各个社交行为是在用户开始游戏几天后首次发生的，根据这些数值就可以得知各个社交行为的下述情况。

- **用户从第 1 天起就发生这种社交行为好吗**
- **用户在开始游戏几天后再发生这种社交行为好吗**

例如，对战其他用户和与其他用户协作共同打败敌方首领的社交行为一开始就有会比较好，而从开始游戏第 1 天起就给其他用户发送消息就不太好。

整理一下上面的内容，如下表所示。

社交行为	几天后发生	发生几次	用户心理
战斗	A	B	想在游戏中与他人对战
协作	C	D	想在游戏中和他人协作
发送消息	E	F	想和同伴交流

是否能将分析结果与游戏策划相结合

我们拿着上面的表格和游戏的策划部门进行了沟通，对方的意见是如果我们能够知道这些要素中哪种要素能获得更好的效果，那么就能够结合该要素来实施相应的策划方案。因此，我们的任务就是根据上表的内容，分析得出具有什么样行为的用户更容易长期访问游戏。

9.3 把类作为自变量

讨论如何量化“稳定来访”

我们整理了一下前面谈到的事实和假设，并得到下面的处理流程。

1. 开始游戏后 1 周内用户的稳定来访率比较低 （事实）
2. 根据初次访问游戏时用户行为的不同，其稳定来访率也不一样 （战斗？协作？发送消息？）×（次数？时间段？） （假设）
3. 分析的结果是○○的行为模式比较容易促使用户稳定来访游戏 （假设）
4. 为了使得用户养成○○的行为模式，需要实施 ×× （解决方案）

根据上述处理流程，在本例中，如果我们可以通过数据分析找出“战斗”“协作”和“发送消息”这些社交行为和“稳定来访”之间的关系，那么之前不确定的问题就会自然地明确了。在分析对象中，社交行为是很容易被量化的，而“稳定来访”却很难量化。因此，我们首先需要考虑如何量化“稳定来访”。

我们考虑了多种量化“稳定来访”的方法。例如在社交游戏中，“N 日持续率”就是一种常用的指标。

N 日持续率 = 初次来访游戏 N 天后再次来访的用户数 / 初次来访游戏的用户数

这个指标适用于宏观倾向的把握，而在本例中，我们需要的并非整体的倾向，而是希望发掘和社交行为之间的关系，因此需要将每个用户稳定来访的情况进行量化。很显然，N 日持续率无法计算每个用户的情况，因此这个指标不适用于本例。

于是，本例中我们考虑使用“登录密度”，通过这个指标可以计算每个用户的情况。

N 日登录密度 = N 日内用户到访的天数 / N

从上述定义可以得知，N 日登录密度的取值范围在 0 到 1 之间，越接近 1 表示该用户越可能是稳定来访的用户。在分析中，我们将用户开始游戏后 1 周内（第 0 天 ~ 第 6 天）的行为作为自变量，而作为因变量的登录密度则由下一周（第 7 天 ~ 第 13 天）的数据得到。

找出决策树分析中影响最大的分裂属性

在完成了对“稳定来访”的量化后，我们来讨论一下分析方法。像本例这样考察多个属性的影响时，通常的处理方法是对每一个属性进行交叉列表统计。但是仔细想想，调查多个属性组合所产生的影响，也就是找出下面这样的一些模式。

- **从不主动对战其他用户，但协助他人超过 30 次的用户会稳定来访**
- **第 3 天之后发送了 5 条以上的消息，并在第 7 天协助他人 2 次以上的用户群会稳定来访**

如果像这样将各种社交行为的次数和发生天数进行组合，那么我们需要进行大量的交叉列表统计，这个计算量是目前我们无法承受的。在这种情况下，一种便利的分析方法是使用决策树。

决策树分析在商业数据分析中是一种使用广泛且便利的分析方法，其中一种用法是找出影响最大的分裂属性。该分裂属性在交叉列表统计中需要将所有的组合都测试一遍才有可能找到。所以下面我们将使用决策树分析。

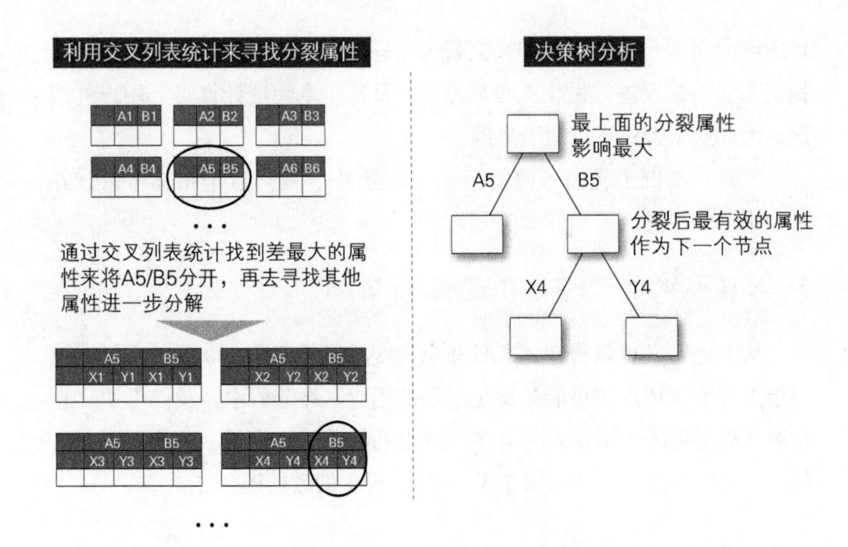

交叉列表统计和决策树分析的比较

考量实数、比率和主成分这 3 个分析属性

在确定分析方法之后，我们就需要着手准备所需的数据，但在这之前我们再稍微讨论一下如何量化社交行为的问题。目前我们考量的数量是各种社交行为发生的次数以及这些行为发生在多少天后。也就是说，我们在探寻下面这些模式。

- A 天后和其他用户对战了 B 次
- C 天后和他人协作了 D 次
- E 天后发送了 F 次消息

然而，我们讨论的社交行为模式难道仅限于上面这样单纯的实数吗？例如，即使实际次数有差异，如果从开始使用的 1 周内各种行为发生的时间点相近，我们不也可以将其视为一类行为模式吗？

因此，让我们根据每天的访问次数占 7 日内的访问总次数的比率，来讨论行为模式。根据该比率，我们可以得知用户 7 日内的下述情况。

- **在前半段时间内有较多行为的用户的稳定到访率是否较高**
- **在后半段时间内有较多行为的用户的稳定到访率是否较高**
- **7 天内都有行为的用户的稳定到访率是否较高**

最后，我们还可以考虑使用第 8 章中介绍的主成分分析来计算得到基于主成分的模式。当各种社交行为相互影响，或者没有什么行为的用户较多的情况下，使用独立的主成分能得到更好的分离。

下面我们就用上述 3 种分析属性来对社交行为和用户的稳定来访的关系进行分析。

将类作为自变量来使用

我们来整理一下目前为止的流程，现有的数据如下。

- **行为的种类：战斗、协作、发送消息**
- **时间和次数：7 日内某个行为在什么时候发生了几次**

针对这些数据，我们从下述 3 个分析属性来着手进行分析。

- **实数**
- **比率**
- **主成分**

如果把这些都放到一起来分析，得出的结果很可能难以解释。因此，我们需要首先弄清楚用哪个分析属性分析哪种社交行为最能说明稳定到访率，并在这一过程中确认哪种行为模式容易促使用户稳定来访。

因此，首先我们需要将社交行为和分析属性组合成一个新的自变量。

- **新的自变量 1：社交行为 = 战斗、分析属性 = 实数**
- **新的自变量 2：社交行为 = 战斗、分析属性 = 比率**
- **新的自变量 3：社交行为 = 战斗、分析属性 = 主成分**
- **……**

使用这个新的自变量进行决策树分析，我们就能够找出对稳定到访率影响最大的社交行为和分析属性的组合。组合成一个新变量的方法有很多，在本例中，将有类似行为的用户归到一起会比较好，因此可以使用聚类的方法。这里我们使用第 8 章介绍过的 k-means 方法。

① 通过各种行为 × 分析属性进行聚类

用户ID	Action	分析属性	第0天	第1天	…	第6天
300	battle	实数			…	

用户ID	类的种类	类
300	battle_实数	1

用户ID	Action	分析属性	第0天	第1天	…	第6天
300	battle	比率			…	

用户ID	类的种类	类
300	battle_比率	2

用户ID	Action	分析属性	PC1	PC2	…	PC7
300	battle	主成分			…	

用户ID	类的种类	类
300	battle_主成分	3

② 将类作为自变量

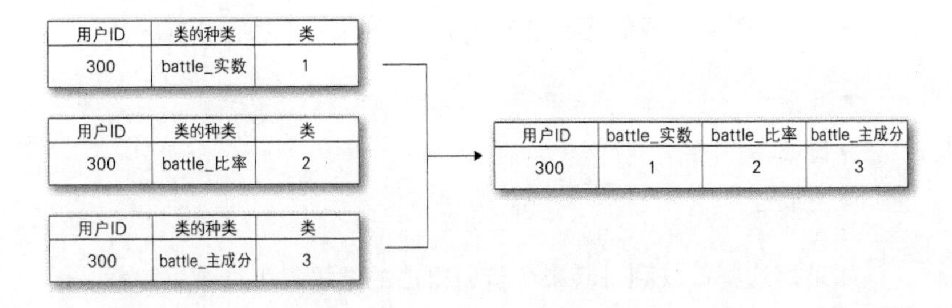

用户ID	类的种类	类
300	battle_实数	1

用户ID	类的种类	类
300	battle_比率	2

用户ID	类的种类	类
300	battle_主成分	3

用户ID	battle_实数	battle_比率	battle_主成分
300	1	2	3

③ 进行决策树分析，并调查最有效的类的种类中每个类的倾向

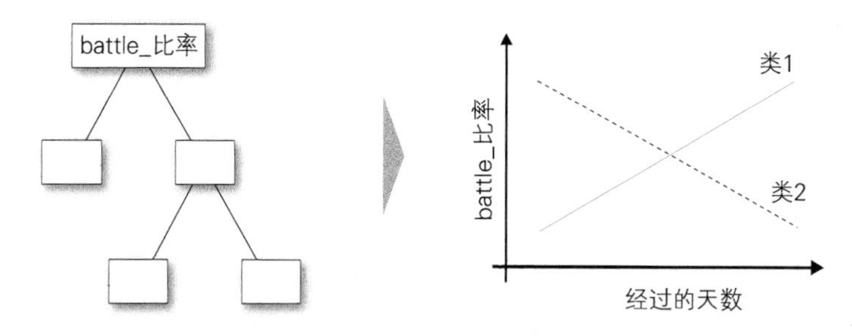

在本例的数据生成过程中，我们使用了第 8 章中介绍的主成分分析和 k-means 等分析方法。在商业数据分析领域，为了使用某种数据分析方法，通常可以使用别的方法来进行数据加工。需要特别提到的是主成分分析，当自变量之间不是相互独立时，它能够将自变量变换成独立的成分。或者在自变量太多的情况下，为了降维也可以使用该方法。总之，主成分分析是一种经常使用的辅助性的分析方法。

数据收集

下面我们来讨论一下进行决策树分析所需要的数据。首先，为了调查用户开始游戏后第 1 周和第 2 周的到访情况，我们需要使用下述的新用户（Install）数据和 DAU 数据。

⇨ R-CODE 09-01 ~ R-CODE 09-02

● Install

	开始使用日期	用户 ID	开始使用时间	性别	年龄段	设备
1	2013 年 5 月 4 日	1	1367599368	女性	40 ~ 49 岁	iOS
2	2013 年 5 月 14 日	2	1368514618	男性	20 ~ 29 岁	Android
3	2013 年 5 月 14 日	3	1368518894	女性	20 ~ 29 岁	Android
4	2013 年 5 月 14 日	4	1368520967	女性	40 ~ 49 岁	Android
5	2013 年 5 月 14 日	5	1368523275	女性	20 ~ 29 岁	Android
6	2013 年 5 月 14 日	6	1368527040	女性	10 ~ 19 岁	iOS
…	…	…	…	…	…	…

● DAU

	到访日期	应用名	用户 ID
1	2013 年 6 月 1 日	《黑猫拼图》	1701
2	2013 年 6 月 1 日	《黑猫拼图》	1720
3	2013 年 6 月 1 日	《黑猫拼图》	1087
4	2013 年 6 月 1 日	《黑猫拼图》	1756
5	2013 年 6 月 1 日	《黑猫拼图》	1218
6	2013 年 6 月 1 日	《黑猫拼图》	1748
…	…	…	…

然后我们需要处理 3 类社交行为，这里使用的是在某一天各个社交行为发生的次数的数据。

R-CODE 09-03

● 战斗（行为日志）

	到访日期	应用名	社交行为	用户 ID	次数
1	2013 年 6 月 1 日	《黑猫拼图》	战斗	1087	1
2	2013 年 6 月 1 日	《黑猫拼图》	战斗	1570	1
3	2013 年 6 月 1 日	《黑猫拼图》	战斗	1570	1
4	2013 年 6 月 1 日	《黑猫拼图》	战斗	1257	1
5	2013 年 6 月 1 日	《黑猫拼图》	战斗	1257	1
6	2013 年 6 月 1 日	《黑猫拼图》	战斗	1257	1
…	…	…	…	…	…

● 发送消息（行为日志）

	到访日期	应用名	社交行为	用户 ID	次数
1	2013 年 6 月 1 日	《黑猫拼图》	发送消息	8	8
2	2013 年 6 月 1 日	《黑猫拼图》	发送消息	13	10
3	2013 年 6 月 1 日	《黑猫拼图》	发送消息	28	2
4	2013 年 6 月 1 日	《黑猫拼图》	发送消息	44	2

（续）

	到访日期	应用名	社交行为	用户 ID	次数
5	2013 年 6 月 1 日	《黑猫拼图》	发送消息	49	2
6	2013 年 6 月 1 日	《黑猫拼图》	发送消息	133	10
…	…	…	…	…	…

● 协作（行为日志）

	到访日期	应用名	社交行为	用户 ID	次数
1	2013 年 6 月 1 日	《黑猫拼图》	协作	6	3
2	2013 年 6 月 1 日	《黑猫拼图》	协作	8	13
3	2013 年 6 月 1 日	《黑猫拼图》	协作	10	3
4	2013 年 6 月 1 日	《黑猫拼图》	协作	13	51
5	2013 年 6 月 1 日	《黑猫拼图》	协作	28	6
6	2013 年 6 月 1 日	《黑猫拼图》	协作	44	27
…	…	…	…	…	…

数据加工

首先我们计算出登录密度。

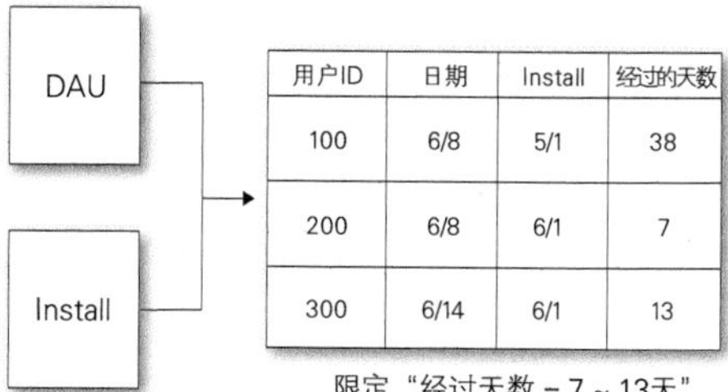

计算出登录密度

用户ID	登录密度
200	0.286

※2 ÷ 7 ≒ 0.286

① 将 DAU 和首次访问时间数据合并

② 取得用户首次访问后第 7 ~ 13 天的数据

③ 计算出每个用户的登录密度

④ 每个分析对象用户与其登录密度合并

	用户 ID	到访日期	首次访问时间	性别	年龄段	设备	登录密度
1	1693	2013 年 6 月 1 日	1370012721	女性	20 ~ 29 岁	Android	0
2	1694	2013 年 6 月 1 日	1370013166	女性	20 ~ 29 岁	Android	0
3	1695	2013 年 6 月 1 日	1370013609	男性	40 ~ 49 岁	Android	0
4	1696	2013 年 6 月 1 日	1370014074	男性	20 ~ 29 岁	Android	0
5	1697	2013 年 6 月 1 日	1370014654	女性	30 ~ 39 岁	iOS	0
6	1698	2013 年 6 月 1 日	1370015187	女性	20 ~ 29 岁	Android	0
…	…	…	…	…	…	…	…

然后，生成用户首次访问后 7 天内的各个社交行为的数据。

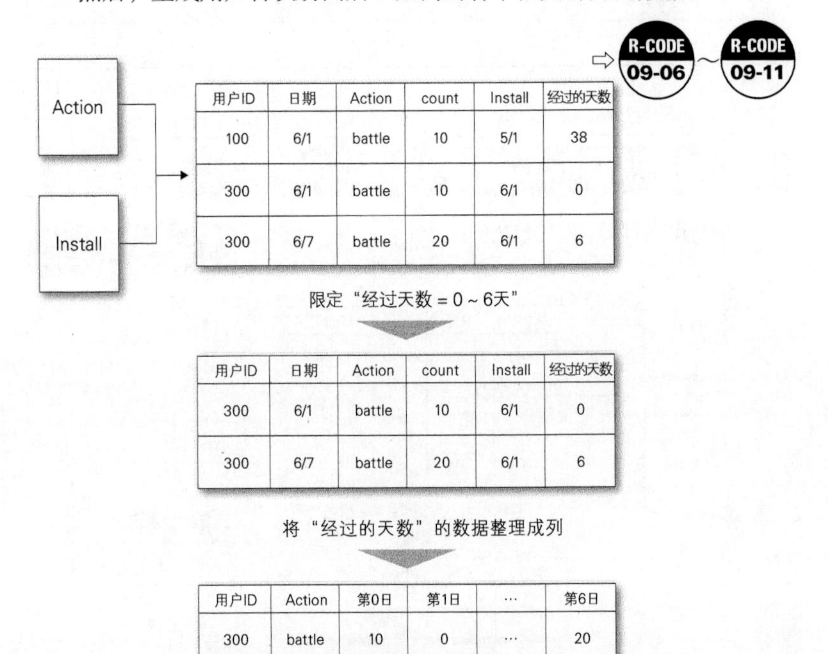

① 将各个社交行为的数据和用户首次访问时间的数据合并

② 将时间限定在用户首次访问后的第 0 ~ 6 天

③ 将第 N 天的数据整理到同一列并按天排列

● 实数数据

用户 ID	第 0 天	第 1 天	第 2 天	第 3 天	第 4 天	第 5 天	第 6 天
1257	0	0	0	0	0	0	8
1269	0	0	0	0	0	0	4
1295	0	0	0	0	0	0	7
…	…	…	…	…	…	…	…

● 比率数据

用户 ID	第 0 天	第 1 天	第 2 天	第 3 天	第 4 天	第 5 天	第 6 天
1257	0	0	0	0	0	0	1
1269	0	0	0	0	0	0	1
1295	0	0	0	0	0	0	1
…	…	…	…	…	…	…	…

● 主成分（PCA）数据

用户 ID	PC1	PC2	PC3	PC4	PC5	PC6	PC7
1257	−0.43357	−1.66066	0.19505	0.23370	1.69151	1.04351	0.21524
1269	0.09118	−1.2153	0.10527	0.02830	0.58337	0.47124	0.07861
1295	−0.30238	−1.54932	0.17260	0.18235	1.41448	0.90044	0.18108
…	…	…	…	…	…	…	…

至此，我们已经生成了各个社交行为和分析属性的数据，接着就是使用这份数据进行聚类分析了。在进行聚类分析时很重要的一点是需要知道类的个数。在商业应用中，虽说类的个数取决于聚类目的，但一般情况下设 3 ~ 6 个类就可以了。如果设为 2 个就过于简单而不能用，如

果设 7 个或 7 个以上那又有点太多了，使得类的意义难以解释。因此，我们选择 3 ~ 6 个类来进行聚类。

① 通过 3~6 个类对各种行为 × 分析属性进行聚类

用户ID	Action	分析属性	第0日	第1日	…	第6日
300	battle	实数			…	

用户ID	类的种类	类的个数	类
300	battle_实数	3	1

用户ID	Action	分析属性	第0日	第1日	…	第6日
300	battle	比率			…	

用户ID	类的种类	类的个数	类
300	battle_比率	3	2

用户ID	Action	分析属性	PC1	PC2	…	PC7
300	battle	主成分			…	

用户ID	类的种类	类的个数	类
300	battle_主成分	3	3

② 将“行为名称 _ 类的个数 _ 分析属性”作为自变量

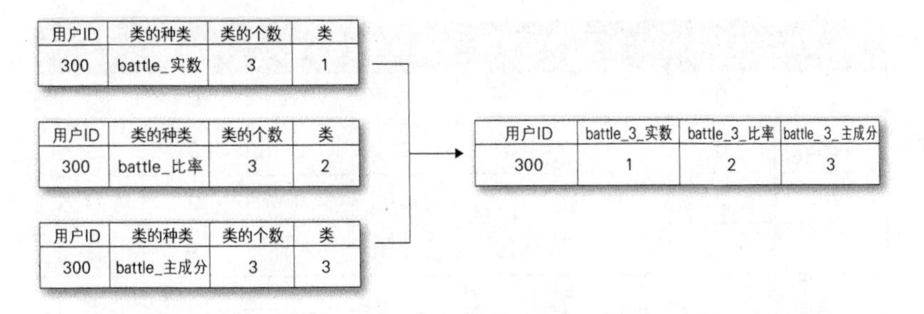

用户ID	类的种类	类的个数	类
300	battle_实数	3	1

用户ID	类的种类	类的个数	类
300	battle_比率	3	2

用户ID	类的种类	类的个数	类
300	battle_主成分	3	3

用户ID	battle_3_实数	battle_3_比率	battle_3_主成分
300	1	2	3

用户 ID	战斗 03 实数	战斗 03 比率	战斗 03 主成分	…	战斗 06 实数	战斗 06 比率	战斗 06 主成分
1257	1	1	1	…	6	6	4
1269	1	1	1	…	6	6	3
1295	1	1	1	…	6	6	4
…	…	…	…	…	…	…	…

最后，将带有登录密度的分析对象用户数据和各个社交行为的类数据合并。

⇨ R-CODE 09-13 ~ R-CODE 09-14

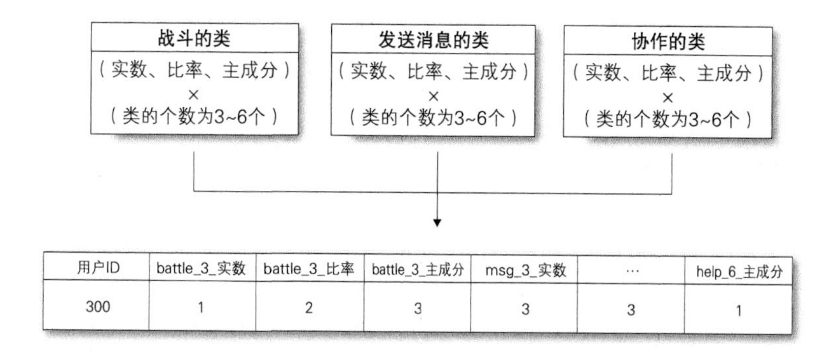

① 合并战斗的类

② 合并协作的类

③ 合并发送消息的类

用户 ID	登录密度	战斗 03 实数	战斗 03 比率	战斗 03 主成分	…	协作 06 实数	协作 06 比率	协作 06 主成分
1693	0	0	0	0	…	0	0	0
1694	0	0	0	0	…	2	1	2
1695	0	0	0	0	…	0	0	0
…	…	…	…	…	…	…	…	…

至此，我们已经将用于决策树分析的数据准备好了。

9.4 进行决策树分析

哪一个社交行为对登录密度的影响最大

我们使用之前获得的数据进行了决策树分析，生成的决策树如下所示。

⇨ R-CODE 09-15

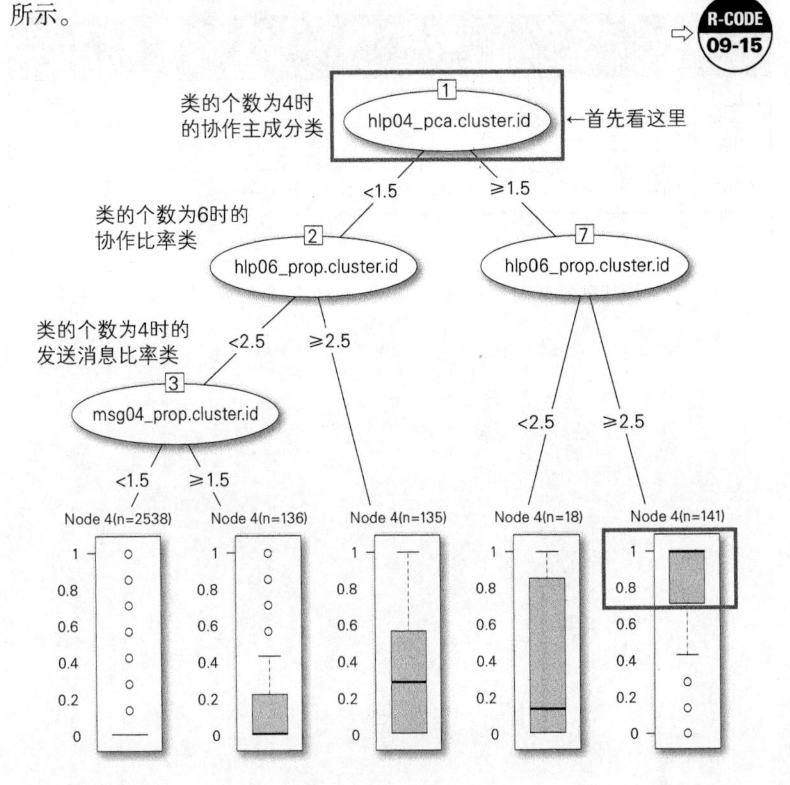

在生成的这个决策树中，最重要的一点是哪个属性被置于最上面的节点。这个属性就是通过交叉列表统计测试所有组合后得到的那个对“登录密度”影响最大的说明要素。通过上图可以看出，“类的个数为 4 时的协作主成分类”对登录密度的影响最大，其次是“类的个数为 6 时的协作比率类”，最右边的类在第 2 周的登录密度在 0.7~1，这是一个高登录密度的状态。

研究每个协作主成分类的倾向

下面我们来研究一下类的个数为 4 时的协作主成分类的特征。首先，我们画出每个类的平均登录密度，如下图所示。

R-CODE 09-16 ~ R-CODE 09-19

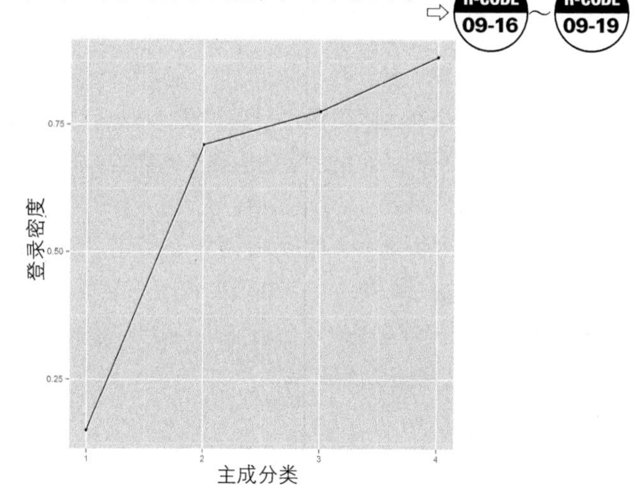

将各个协作主成分类的平均登录密度可视化

图中的横轴是类的编号，纵轴是登录密度。可以看出，类 1 和其他类的登录密度差别很大。

接着我们来观察各个类中协作行为的比率随经过天数的变化情况，如下图所示。

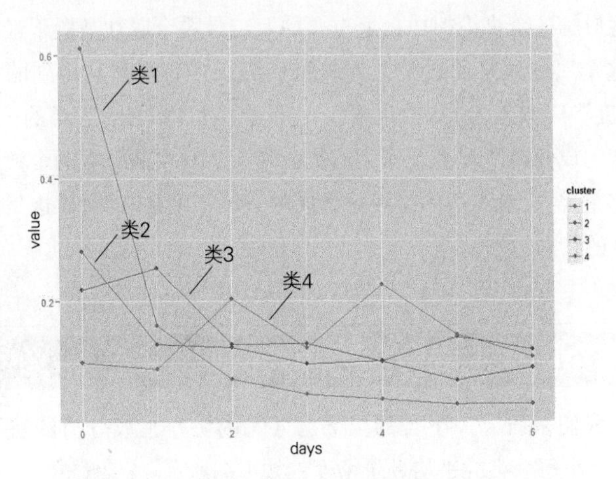

将各个类的协作行为随经过天数的变化情况可视化

首先我们来观察属于类 1 的用户群。这些用户从一开始就有协作这种社交行为，但是在这之后协作行为并没有增加，2 周后这些用户的登录密度反而变得很低了。反过来观察类 3 或者类 4 的用户群，这些用户也在初次访问游戏时就有协作这种行为，而且并没有就此结束，在后半周里以及之后仍然保持了这种行为，到 2 周后用户的登录密度就变得比较高了。另外，通过仔细观察，我们发现用户在初次访问游戏后大概 3 天到 4 天，协作行为发生的次数增加了。由此可知，“协作”行为逐渐增多的用户更容易稳定访问游戏。

9.5 解决对策

使用户在开始游戏 3 天后自然地发生协作行为

通过对社交行为的行为日志进行决策树分析，我们得到了下述结论。

- **对开始游戏后第 2 周的“登录密度”影响最大的社交行为是“协作”行为**
- **在开始游戏后“协作”的社交行为慢慢增加的用户在这之后会稳定地访问游戏**

基于上述结果，在和《黑猫拼图》游戏的策划人充分讨论后，我们得到了下面的解释。

- **初次参与游戏的用户尚且体验不到游戏的乐趣所在**
- **在这个时期这种状态下用户并不能充分体验到和朋友之间发生协作行为的好处**

虽然之前的分析未能得出定性的因果关系，但是因为上述结果来自于长期和《黑猫拼图》游戏打交道的游戏策划人，所以这些结论应该是准确的。

因此，基于上述定性的结论和本次分析的结果，我们将推行下述策略。

① 在用户开始使用后的第 3 天起，为了鼓励游戏用户相互协作的社交行为，调高打败敌方首领的难度

② 第 3 天以后，为了促使游戏用户相互协作，把向他人寻求协作的按钮放置得更加醒目

9.6 小结

在本章中，我们利用决策树分析进行了数据分析。和那些利用数据分析解决问题的案例不同，本案例看不出存在什么问题，我们进行的是所谓探索型的数据分析。在这类数据分析中，为了验证各种假设，需要耗费相当的工夫来进行数据加工。另外，在验证假设的时候，由于处于一种问题较少的状态，相应的线索也比较少，因此一般会使用多次循环的方法，这就必然会用到决策树等数据分析的方法。

像这样由数据驱动（基于数据决定下一步所采取的对策）来推进的"业务改善"仍属于数据分析的范畴，而且这块业务实际上只能由数据分析来完成。

分析流程	第 9 章中数据分析的成本
现状和预期	低
发现问题	中
数据的收集和加工	高
数据分析	高
解决对策	低

9.7 详细的R代码

生成用于读入数据的函数

和之前一样，我们首先需要生成用于读入“首次访问时间”“DAU”和“行为日志”数据的 R 语言函数。

R-CODE 09-01

```
library(plyr)
library(foreach)

# 获取首次访问时间的数据
readInstall <- function(app.name, target.day) {
    base.dir <- "sample-data/section9/snapshot/install"
    f <- sprintf("%s/%s/%s/install.csv", base.dir, app.name,
    target.day)
    read.csv(f, header = T, stringsAsFactors = F)
}

# 获取DAU数据
readDau <- function(app.name, date.from, date.to) {
    date.from <- as.Date(date.from)
    date.to <- as.Date(date.to)
    dates <- seq.Date(date.from, date.to, by = "day")
    ldply(foreach(day = dates, combine = rbind) %do% {
        base.dir <- "sample-data/section9/daily/dau"
        f <- sprintf("%s/%s/%s/dau.csv", base.dir, app.name, day)
        read.csv(f, header = T, stringsAsFactors = F)
    })
}

# 获取行为日志数据
readAction <- function(app.name, action.name, date.from, date.to) {
```

```
    date.from <- as.Date(date.from)
    date.to <- as.Date(date.to)
    dates <- seq.Date(date.from, date.to, by = "day")
    ldply(foreach(day = dates, combine = rbind) %do% {
        base.dir <- "sample-data/section9/daily/action"
            f <- sprintf("%s/%s/%s/%s/%s.csv",
               base.dir, app.name, action.name, day, action.name)
            read.csv(f, header = T, stringsAsFactors = F)
        })
}
```

生成函数后，我们就可以读入各类数据了。

R-CODE 09-02

```
# Install
install <- readInstall("game-01", "2013-09-30")
head(install)
# DAU
dau <- readDau("game-01", "2013-06-01", "2013-09-30")
head(dau)
```

● Install

```
##      log_date user_id install_time gender generation device_type
## 1 2013-05-04       1   1367599368      F         40         iOS
## 2 2013-05-14       2   1368514618      M         20     Android
## 3 2013-05-14       3   1368518894      F         20     Android
## 4 2013-05-14       4   1368520967      F         40     Android
## 5 2013-05-14       5   1368523275      F         20     Android
```

● DAU

```
## log_date app_name user_id
## 1 2013-06-01 game-01 1701
## 2 2013-06-01 game-01 1720
## 3 2013-06-01 game-01 1087
## 4 2013-06-01 game-01 1756
## 5 2013-06-01 game-01 1218
```

行为日志（战斗、发送消息、协作）

```
# battle
battle <- readAction("game-01", "battle", "2013-06-01", "2013-08-31")
head(battle)
# message
msg <- readAction("game-01", "message", "2013-06-01", "2013-08-31")
head(msg)
# help
hlp <- readAction("game-01", "help", "2013-06-01", "2013-08-31")
head(hlp)
```

● 战斗（行为日志）

```
##     log_date app_name action_name user_id count
## 1 2013-06-01  game-01      battle    1087     1
## 2 2013-06-01  game-01      battle    1570     1
## 3 2013-06-01  game-01      battle    1570     1
## 4 2013-06-01  game-01      battle    1257     1
## 5 2013-06-01  game-01      battle    1257     1
```

● 发送消息（行为日志）

```
##     log_date app_name action_name user_id count
## 1 2013-06-01  game-01     message       8     8
## 2 2013-06-01  game-01     message      13    10
## 3 2013-06-01  game-01     message      28     2
## 4 2013-06-01  game-01     message      44     2
## 5 2013-06-01  game-01     message      49     2
```

● 协作（行为日志）

```
##     log_date app_name action_name user_id count
## 1 2013-06-01  game-01        help       6     3
## 2 2013-06-01  game-01        help       8    13
## 3 2013-06-01  game-01        help      10     3
## 4 2013-06-01  game-01        help      13    51
## 5 2013-06-01  game-01        help      28     6
```

计算出登录密度

R-CODE 09-04

```
# 合并DAU和首次访问时间的数据
dau.inst <- merge(dau, install, by = "user_id", suffixes
 = c("", ".inst"))
head(dau.inst)

# 限定为用户开始游戏后第7~13天的数据
dau.inst$log_date <- as.Date(dau.inst$log_date)
dau.inst$log_date.inst <- as.Date(dau.inst$log_date.inst)
dau.inst$elapsed_days <- as.numeric(dau.inst$log_date -
  dau.inst$log_date.inst)

dau.inst.7_13 <-
dau.inst[dau.inst$elapsed_days >= 7 &
dau.inst$elapsed_days <= 13, ]
head(dau.inst.7_13)
# 计算出登录密度
dau.inst.7_13.login.ds <- ddply(dau.inst.7_13, .(user_id), summarize,
  density = length(log_date)/7)

head(dau.inst.7_13.login.ds)
```

```
##   user_id density
## 1     301  0.1429
## 2     310  0.1429
## 3     316  0.1429
## 4     319  0.1429
## 5     322  0.1429
## 6     333  0.1429
```

合并分析对象用户和登录密度数据

R-CODE 09-05

```
target.install <- install [install$log_date >= "2013-06-01" &
install$log_date <= "2013-08-25", ]

# 合并对象用户和登录密度数据
target.install.login.ds <-
```

```
    merge(target.install, dau.inst.7_13.login.ds,
        by = "user_id", all.x = T)
target.install.login.ds$density <-
ifelse(is.na(target.install.login.ds$density), 0,
    target.install.login.ds$density)
head(target.install.login.ds)
```

```
##    user_id   log_date install_time gender generation device_type density
## 1     1693 2013-06-01   1370012721      F         20     Android       0
## 2     1694 2013-06-01   1370013166      F         20     Android       0
## 3     1695 2013-06-01   1370013609      M         40     Android       0
## 4     1696 2013-06-01   1370014074      M         20     Android       0
## 5     1697 2013-06-01   1370014654      F         30         iOS       0
## 6     1698 2013-06-01   1370015187      F         20     Android       0
```

生成关于战斗的数据

● 生成实数数据

R-CODE 09-06

```
# 合并战斗行为数据和用户首次访问时间的数据
battle.inst <- merge(battle, install, by = "user_id", suffixes =
c("", ".inst"))
head(battle.inst)

# 计算用户进行战斗的时间和首次访问时间的时间差
battle.inst$log_date <- as.Date(battle.inst$log_date)
battle.inst$log_date.inst <- as.Date(battle.inst$log_date.inst)
battle.inst$elapsed_days <- as.numeric(battle.inst$log_date -
battle.inst$log_date.inst)

# 限定为用户进行战斗的时间和首次访问时间的时间差在1周以内的数据
battle.inst2 <- battle.inst[battle.inst$elapsed_days >= 0 &
 battle.inst$elapsed_days <= 6, ]

# 将首次访问之后经过的天数按列排列
library(reshape2)
battle.inst2$elapsed_days <- paste0("d", battle.inst2$elapsed_days)
battle.inst2.cast <- dcast(battle.inst2, user_id ~ elapsed_days,
value.var = "count", sum)
head(battle.inst2.cast)
```

● 输出实数数据

```
##    user_id d0 d1 d2 d3 d4 d5 d6
## 1     1257  0  0  0  0  0  0  8
## 2     1269  0  0  0  0  0  0  4
## 3     1295  0  0  0  0  0  0  7
## 4     1512  0  0  0  0  2  0  0
## 5     1570  0  0  2  0  0  0  0
## 6     1611  0  0  1  7  0  0  0
```

● 生成比率数据和主成分（PCA）数据

R-CODE 09-07

```
# 生成比率数据
battle.inst2.cast.prop <- battle.inst2.cast
battle.inst2.cast.prop[, -1] <-
    battle.inst2.cast.prop[, -1]/rowSums(battle.inst2.cast.prop[, -1])
head(battle.inst2.cast.prop)

# PCA
b.pca <- prcomp(battle.inst2.cast[, -1], scale = T)
summary(b.pca)
battle.inst2.cast.pca <- data.frame(user_id = battle.inst2.cast$user_id,
b.pca$x)
head(battle.inst2.cast.pca)
```

● 输出比率数据

```
##    user_id d0 d1    d2    d3 d4 d5 d6
## 1     1257  0  0 0.000 0.000  0  0  1
## 2     1269  0  0 0.000 0.000  0  0  1
## 3     1295  0  0 0.000 0.000  0  0  1
## 4     1512  0  0 0.000 0.000  1  0  0
## 5     1570  0  0 1.000 0.000  0  0  0
## 6     1611  0  0 0.125 0.875  0  0  0
```

● 输出主成分（PCA）数据

```
##   user_id       PC1      PC2      PC3     PC4     PC5     PC6      PC7
## 1    1257 -0.43357 -1.66066  0.19505  0.2337  1.6915  1.0435  0.21524
## 2    1269  0.09118 -1.21529  0.10527  0.0283  0.5834  0.4712  0.07861
## 3    1295 -0.30238 -1.54932  0.17260  0.1823  1.4145  0.9004  0.18108
## 4    1512  0.30613 -0.78562  0.06929 -0.2168 -0.6419 -0.2476  0.28923
## 5    1570  0.29958 -0.08815 -0.73393 -1.2996 -0.3917  0.4036 -0.06374
## 6    1611 -0.44535  0.59944 -4.99863  2.4381  0.3789 -1.8523 -0.30154
```

生成发送消息的数据

※这一步的操作和生成关于战斗的数据是一样的，所以这里就省略了执行结果。

● 生成实数数据

R-CODE 09-08

```
# 合并发送消息数据和用户首次访问时间的数据
msg.inst <- merge(msg, install, by = "user_id", suffixes = c("",
".inst"))
head(msg.inst)

# 计算发送消息的时间和首次访问时间的时间差
msg.inst$log_date <- as.Date(msg.inst$log_date)
msg.inst$log_date.inst <- as.Date(msg.inst$log_date.inst)
msg.inst$elapsed_days <- as.numeric(msg.inst$log_date -
 msg.inst$log_date.inst)

# 限定为发送消息的时间和首次访问时间的时间差在1周以内的数据
msg.inst2 <- msg.inst[msg.inst$elapsed_days >= 0 & msg.inst$elapsed_days
 <= 6, ]

# 将首次访问之后经过的天数按列排列
msg.inst2$elapsed_days <- paste0("d", msg.inst2$elapsed_days)
msg.inst2.cast <- dcast(msg.inst2, user_id ~ elapsed_days, value.
var = "count", sum)

head(msg.inst2.cast)
```

● 生成比率数据、主成分（PCA）数据

R-CODE 09-09

```
# 生成比率数据
msg.inst2.cast.prop <- msg.inst2.cast
msg.inst2.cast.prop[, -1] <- msg.inst2.cast.prop[,
 -1]/rowSums(msg.inst2.cast.prop[, -1])
head(msg.inst2.cast.prop)

# PCA
m.pca <- prcomp(msg.inst2.cast[, -1], scale = T)
summary(m.pca)

msg.inst2.cast.pca <- data.frame(user_id = msg.inst2.cast$user_id,
m.pca$x)
head(msg.inst2.cast.pca)
```

生成协作数据

※ 这一步的操作和生成关于战斗的数据是一样的，所以这里就省略了执行结果。

● 生成实数数据

R-CODE 09-10

```
# 合并用户协作数据和首次访问时间的数据
hlp.inst <- merge(hlp, install, by = "user_id", suffixes = c("", ".inst"))
head(hlp.inst)

# 计算发生协作的时间和首次访问时间的时间差
hlp.inst$log_date <- as.Date(hlp.inst$log_date)
hlp.inst$log_date.inst <- as.Date(hlp.inst$log_date.inst)
hlp.inst$elapsed_days <- as.numeric(hlp.inst$log_date -
hlp.inst$log_date.inst)

# 限定为发生协作的时间和首次访问时间的时间差在1周以内的数据
hlp.inst2 <- hlp.inst[hlp.inst$elapsed_days >= 0 & hlp.inst$elapsed_
days <= 6, ]

# 将首次访问之后经过的天数按列排列
hlp.inst2$elapsed_days <- paste0("d", hlp.inst2$elapsed_days)
hlp.inst2.cast <- dcast(hlp.inst2, user_id ~ elapsed_days, value.
```

```
var = "count", sum)
head(hlp.inst2.cast)
```

● 生成比率数据、主成分（PCA）数据

R-CODE 09-11

```
# 生成比率数据
hlp.inst2.cast.prop <- hlp.inst2.cast
hlp.inst2.cast.prop[, -1] <- hlp.inst2.cast.prop[,
-1]/rowSums(hlp.inst2.cast.prop[, -1])
head(hlp.inst2.cast.prop)

# PCA
h.pca <- prcomp(hlp.inst2.cast[, -1], scale = T)
summary(h.pca)

hlp.inst2.cast.pca <- data.frame(user_id = hlp.inst2.cast$user_id,
h.pca$x)
head(hlp.inst2.cast.pca)
```

对行为日志进行聚类

R-CODE 09-12

```
# 用来生成关于类数据的函数
createClusterData <- function(aname, x, x.prop, x.pca) {
    set.seed(10)
    df <- ldply(foreach(i = 3:6, combine = rbind) %do% {
        km <- kmeans(x[, -1], i)
        km.prop <- kmeans(x.prop[, -1], i)
        km.pca <- kmeans(x.pca[, -1], i)
        data.frame(user_id = x$user_id, cluster.type = sprintf
("%s%02d", aname,
            i), freq.cluster.id = km$cluster, prop.cluster.id =
km.prop$cluster,
            pca.cluster.id = km.pca$cluster)
     })
    cluster.melt <- melt(df, id.vars = c("user_id", "cluster.type"))
    dcast(cluster.melt, user_id ~ cluster.type + variable)
}

# 战斗
battle.cluster <- createClusterData("battle", battle.inst2.cast,
```

```
battle.inst2.cast.prop,
    battle.inst2.cast.pca)
head(battle.cluster)

# 发送消息
msg.cluster <- createClusterData("msg", msg.inst2.cast,
msg.inst2.cast.prop,
    msg.inst2.cast.pca)
head(msg.cluster)

# 协作
hlp.cluster <- createClusterData("hlp", hlp.inst2.cast,
hlp.inst2.cast.prop,
    hlp.inst2.cast.pca)
head(hlp.cluster)
```

● **对战斗数据进行聚类后的结果**

```
##   user_id battle03_freq.cluster.id battle03_prop.cluster.id   ...
## 1    1257                        1                        1   ...
## 2    1269                        1                        1   ...
## 3    1295                        1                        1   ...
## 4    1512                        3                        1   ...
## 5    1570                        3                        2   ...
## 6    1611                        3                        1   ...
```

类的合并

我们将用户的登录密度和与“战斗”相关的类数据合并。

⇒与“发送消息”相关的类数据合并

⇒与“协作”相关的类数据合并

⇒用“0”替换“NA”

R-CODE 09-13

```
# cluster data
cluster.data <- merge(target.install.login.ds, battle.cluster,
  by = "user_id", all.x = T)
cluster.data <- merge(cluster.data, msg.cluster, by = "user_id", all.x = T)
```

```
cluster.data <- merge(cluster.data, hlp.cluster, by = "user_id", all.x = T)
cluster.data[is.na(cluster.data)] <- 0

head(cluster.data)
```

按照登录密度由小到大的顺序重新排列

R-CODE 09-14

```
# 将按列排列的类转换成按行排列的形式
cluster.data.melt <- melt(cluster.data[, -c(2:6)], id.vars = c("user_
id", "density"))

# 按照类的种类或编号计算各个类的平均登录密度
cluster.data.avg <- ddply(cluster.data.melt, .(variable, value),
summarize, average.density = mean(density))
head(cluster.data.avg)

# 重新赋予一个新的类编号
cluster.data.avg <- arrange(cluster.data.avg, variable, average.
density)
cluster.data.avg <- ddply(cluster.data.avg, .(variable), transform,
value2 = sort(value))

# 按照新的类编号进行合并
cluster.data.melt2 <- merge(cluster.data.melt, cluster.data.avg, by =
 c("variable", "value"))
head(cluster.data.melt2)

# 将类的种类整理成按列排列的形式
cluster.data2 <- dcast(cluster.data.melt2, user_id + density ~
variable, value.var = "value2")
head(cluster.data2)
```

```
##    user_id density battle03_freq.cluster.id battle03_prop.cluster.id
## 1     1693       0                        0                        0
## 2     1694       0                        0                        0
## 3     1695       0                        0                        0
## 4     1696       0                        0                        0
## 5     1697       0                        0                        0
## 6     1698       0                        0                        0

（~略~）

##     hlp06_freq.cluster.id hlp06_prop.cluster.id hlp06_pca.cluster.id
## 1                       0                     0                    0
## 2                       2                     1                    2
## 3                       0                     0                    0
## 4                       0                     0                    0
## 5                       0                     0                    0
## 6                       0                     0                    0
```

决策树分析的执行和可视化

在 R 语言中，实现决策树分析有很多种方法，这里我们使用 rpart 程序包中的 rpart 函数。

R-CODE 09-15

```
library(rpart)
fit <- rpart(density ~ ., cluster.data2[, -1])
print(fit)

library(partykit)
plot(as.party(fit), tp_args = T)
```

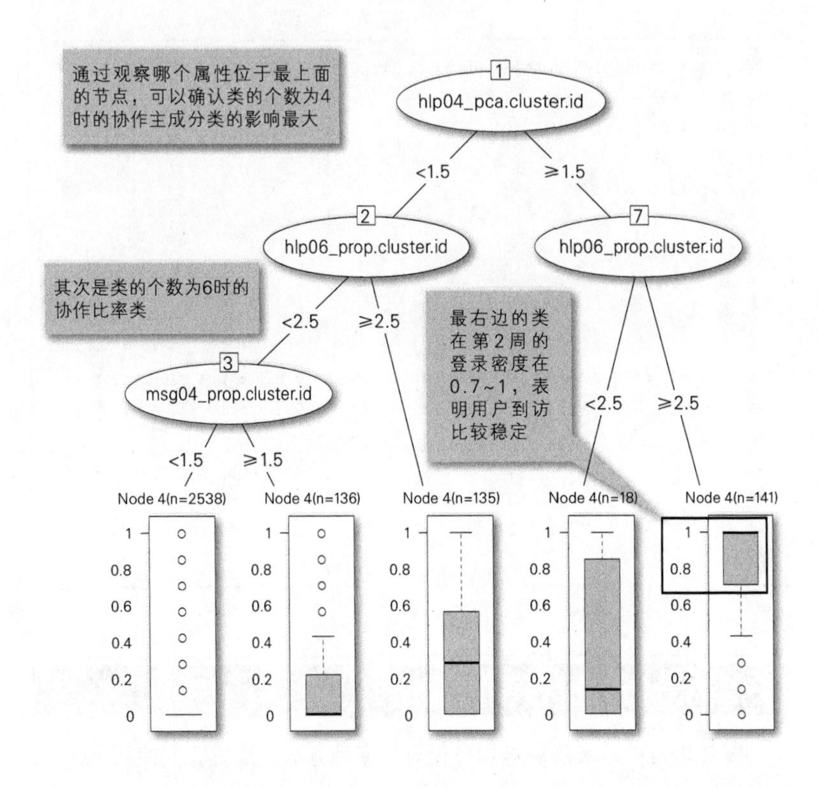

协作主成分类的详细内容

R-CODE 09-16

```
cluster.data3 <- cluster.data.melt2[cluster.data.melt2$variable
== "hlp04_pca.cluster.id",
   c("user_id", "average.density", "value2")]
names(cluster.data3)[3] <- "cluster"

hlp.inst2.cast.prop2 <- merge(hlp.inst2.cast.prop, cluster.data3,
by = "user_id")
table(hlp.inst2.cast.prop2$cluster)
```

```
##   1   2   3   4
## 492 101  35  23
```

⇦ 类 1 的值特别大，而类 3 和类 4 的值比较小

计算各个类的平均登录密度

R-CODE 09-17

```
hlp.inst2.cast.summary <- ddply(hlp.inst2.cast.prop2, .(cluster),
summarize,
    login.density = average.density[1], d0 = sum(d0)/length(user_id),
    d1 = sum(d1)/length(user_id),
    d2 = sum(d2)/length(user_id), d3 = sum(d3)/length(user_id),
    d4 = sum(d4)/length(user_id),
    d5 = sum(d5)/length(user_id), d6 = sum(d6)/length(user_id))
hlp.inst2.cast.summary
```

	cluster	login.density	d0	d1	d2	d3	d4	d5	d6
1	1	0.1504	0.6103	0.1605	0.0735	0.04937	0.04066	0.03247	0.03318
2	2	0.7100	0.2809	0.1306	0.1249	0.09879	0.10272	0.14187	0.12020
3	3	0.7755	0.2191	0.2545	0.1302	0.13166	0.10181	0.07141	0.09137
4	4	0.8819	0.1004	0.0901	0.2036	0.12391	0.22772	0.14576	0.10855

将各个类的平均登录密度可视化

R-CODE 09-18

```
library(ggplot2)
ggplot(hlp.inst2.cast.summary, aes(x = cluster, y = login.density)) +
    geom_line() +
    geom_point()
```

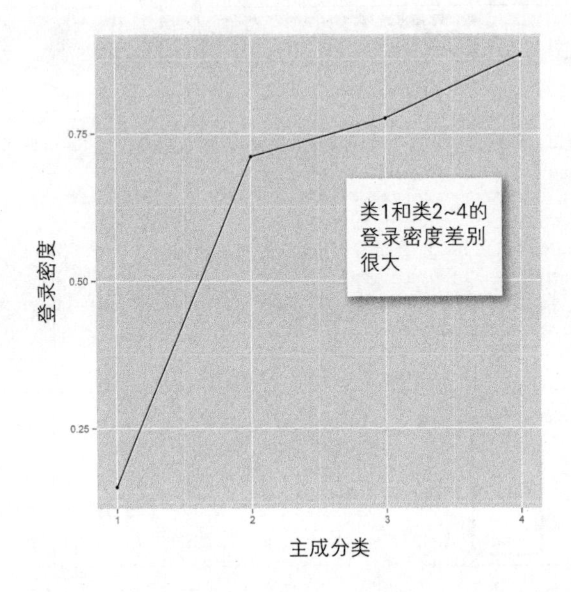

将协作行为按照类和时间可视化

R-CODE 09-19

```
hlp.inst2.cast.summary.melt <- melt(hlp.inst2.cast.summary[, -2],
id.vars = "cluster")
hlp.inst2.cast.summary.melt$days <-
as.numeric(substr(hlp.inst2.cast.summary.melt$variable, 2, 3))
hlp.inst2.cast.summary.melt$cluster <-
as.factor(hlp.inst2.cast.summary.melt$cluster)

ggplot(hlp.inst2.cast.summary.melt, aes(x = days, y = value, col =
cluster))
 + geom_line() + geom_point()
```

- 对开始游戏后第 2 周的“登录密度”影响最大的社交行为是“协作”行为
- 在开始游戏后“协作”的社交行为慢慢增加的用户在这之后会稳定地访问游戏

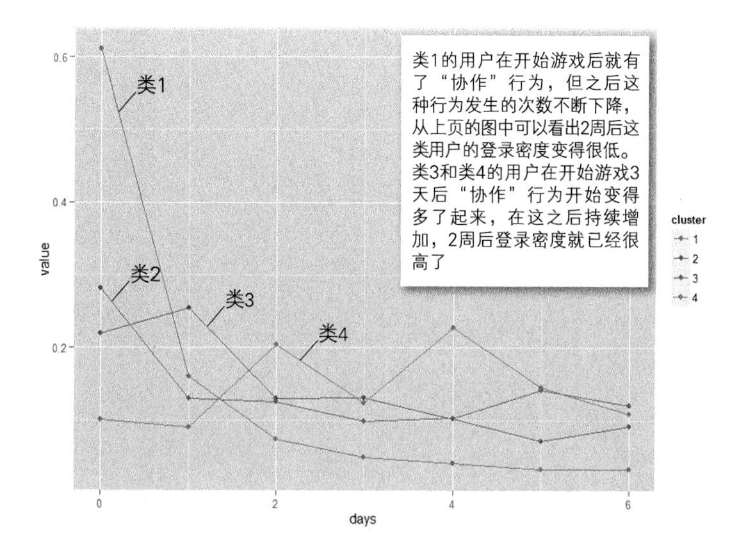
类1的用户在开始游戏后就有了“协作”行为，但之后这种行为发生的次数不断下降，从上页的图中可以看出2周后这类用户的登录密度变得很低。类3和类4的用户在开始游戏3天后“协作”行为开始变得多了起来，在这之后持续增加，2周后登录密度就已经很高了
类1
类2
类3
类4
value
days
cluster
1
2
3
4
0.6
0.4
0.2
0
2
4
6

第10章

案例❽—机器学习

如何让组队游戏充满乐趣

选择能够生成高精度预测模型的学习器

公司的游戏运营策划人员最近针对《黑猫拼图》游戏提出了一个新的活动方案，即用户可以通过组队的方式相互协作共同打败敌方首领。为了让这个活动给用户带来充分的乐趣，我们希望可以促使在相同时间段来访的用户组队一起参与游戏。那么我们该怎么做呢?

10.1 使组队作战的乐趣最大化

《黑猫拼图》游戏的运营状况稳定，实现了良好的商业验证循环

在上一章中我们也看到了，《黑猫拼图》游戏目前并没有什么大的问题，而且还是公司稳定的收益来源。在很多商业领域中，所谓的稳定状态，是指策划人员在充分讨论的基础上能够把握用户体验这样一种状态，这种状态一般出现在所策划和实施的服务得到用户的大力支持之后。在达到稳定状态后，为了获得更多的用户，往往会在游戏中提供新的服务，同时也会准备新的策划方案以应对新的挑战或进行尝试。

同样，在《黑猫拼图》游戏达到稳定的运营状态后，游戏策划人员为了提升游戏用户参与游戏的乐趣，讨论和实施了多种策划方案，并在方案实施后通过数据验证来判断策划方案的好坏，从而形成了一套完整良好的商业验证循环（PDCA）。

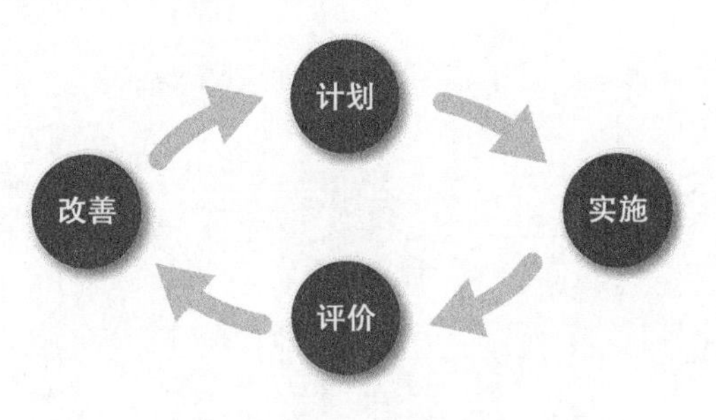

良好的商业验证循环 (PDCA)

一种新的游戏方式：组队作战

在这一过程中，有位策划人员提出了一个策划方案，那就是在游戏中允许多名用户组成团队，通过相互协作的方式击败强大的敌方首领。而在组队作战中最重要的就是这个队伍该如何组建。目前的情况是考虑通过游戏同伴间相互应允的方式来组队，但是也有人提出应考虑下是否还有别的更能提升组队作战乐趣的组队方式。

因此，我们希望灵活运用数据分析的方法找到一种组队方式，能够使组队作战的乐趣最大化。在本例中，由于我们所面临的问题并不是显而易见的，因此很难确定现状和预期。但我们可以先将“目前的组队方式并不是最合适的”作为现状，而将“该组队方式是最合适的”作为我们的预期。

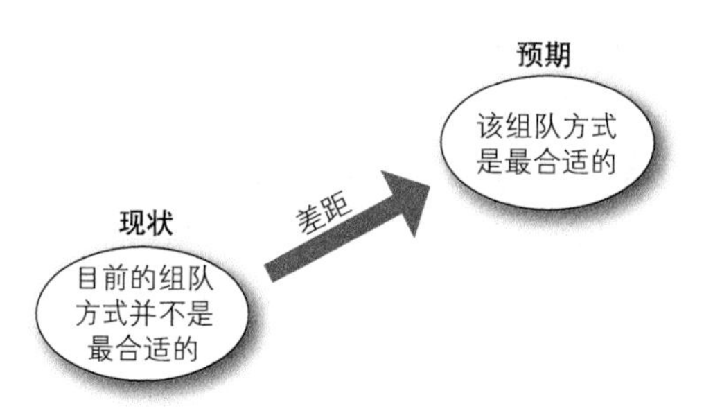

第 10 章的现状和预期

10.2 利用数据分析为服务增加附加价值

尝试定义组队作战的乐趣

本章的案例和第 9 章一样，我们需要解决的并不是一个显而易见的问题，而是希望通过灵活运用数据分析来提升组队作战的乐趣。

那么，“组队作战的乐趣”指的又是什么呢？在上一章中我们已经谈到了，每个人对于“乐趣”的看法各有不同，因此光说“乐趣”是很难让讨论进行下去的，我们需要先规定何为“组队作战的乐趣”。为此，我们和游戏策划部门一起进行了探讨。在经过多次讨论后，我们得到了如下意见。

“用户即使参与了组队，但如果该队伍中的成员很少能在相同时间段进行游戏，用户就会产生一种队伍里参与游戏的人数太少的错觉，从而也很难体验到组队作战的乐趣。”

依照这个意见，我们大致得出了“组队作战的乐趣”的定义，即：

和同伴一起实时战斗的感觉

如果团队成员能够把在同一时间参与游戏的人汇集在一起，就能享受到组队作战的乐趣。因此，我们就将“组队作战的乐趣”量化定义成“队伍中能在相同时间段共同进行游戏的人数”，并灵活运用数据分析探讨把在相同时间段进行游戏的人汇集起来的可能性。

整理本次分析的流程

由于我们已经从数据分析的角度定义了组队作战的乐趣，下面我们来整理一下数据分析的流程。本例中数据分析的具体步骤如下。

◉ **目的**

▶ 希望组队时队伍中相同时间段进行游戏的成员较多

◉ **分析方法**

▶ 根据用户过去的访问情况，预测每个用户第二天什么时间段来访

◉ **解决对策**

▶ 基于分析的结果，将可能在相同时间段来访的用户置于同一组

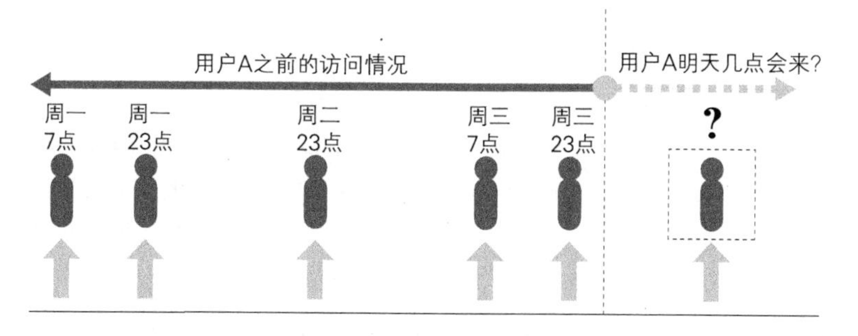

如果根据数据分析的结果不能够预估每个用户第 2 天来访的时间段，那么我们就需要将策划方案变更为其他更妥当的方案。而如果我们能够预估每个用户第 2 天来访的时间段，那么就可以在游戏中利用分析的结果，让用户感受到新的游戏乐趣。而在后一种情况下，无论某个人在这个领域里的经验有多丰富，他也无法预估每个用户第 2 天来访的时间段，因而成就了数据分析作为游戏附加价值的意义。

10.3 在数据中排除星期的影响

讨论统计单位

下面我们来讨论本案例分析中所需的数据。在本例中，我们需要知道“每个用户可能会在哪些时间段来访”，而每个用户以前的来访时间段都记录在各个行为日志中。

然而，现有的日志中只记录了每个具体的行为发生于几点几分几秒，或者只以天为单位统计数据。考虑到在游戏中的应用，即使以秒为单位进行的数据统计，也很难以秒为单位来制定游戏策划方案。另外，由于游戏的用户数量并不是太大，如果以秒为单位来统计，我们就很难把握用户在使用时间上的倾向。同样，即使数据是以天为单位统计的，按天来制定游戏策划方案也比较困难。因此我们首先和游戏的策划人员进行了讨论，并确定了以小时为单位来向用户提供组队作战的服务。然后我们对每小时内所有的用户行为数量进行了统计，并将其作为中间数据输出。

之后，我们基于上述所有用户行为的中间数据，对用户过去的使用情况和第 2 天的使用情况进行了相关性分析，发现用户的某个行为 A 与第 2 天用户的使用情况关系紧密。也就是说，如果我们以用户的行为 A 作为参考，也许可以推断出用户第 2 天来访的时间段。为了说明方便，下文中我们只给出行为 A 的数据作为中间数据。

生成以时间段作为列的数据

下面我们利用行为 A 的中间数据来生成分析用的数据。首先，读入行为 A 的中间数据。

● 行为A的中间数据

No.	日期	使用时间段	游戏名称	用户 ID	使用次数
1	2013 年 8 月 1 日	16	《黑猫拼图》	7339	1
2	2013 年 8 月 1 日	20	《黑猫拼图》	1973	87
3	2013 年 8 月 1 日	10	《黑猫拼图》	1973	30
4	2013 年 8 月 1 日	11	《黑猫拼图》	1973	48
5	2013 年 8 月 1 日	23	《黑猫拼图》	94	3
…	…	…	…	…	…

行为 A 的中间数据记录了每个时间段、每个用户来访了多少次的数据，但是这样的数据很难用来进行预测分析，所以我们需要将数据整理成以时间段作为列的形式。

● 以时间段作为列的数据

No.	用户 ID	0 点	1 点	2 点	3 点	4 点	…	21 点	22 点	23 点
1	71	Off	Off	Off	Off	Off	…	Off	Off	Off
2	78	Off	Off	Off	Off	Off	…	Off	Off	Off
3	94	Off	Off	Off	Off	Off	…	Off	Off	Off
4	99	Off	Off	Off	Off	Off	…	Off	Off	Off
5	131	Off	Off	Off	Off	Off	…	Off	Off	Off
…	…	…	…	…	…	…	…	…	…	…

生成 7 天的以时间段作为列的数据

上面得到的是 1 天的以时间段作为列的数据。这样的数据看上去已经可以用于数据分析了，但却忽略了工作日和周末节假日等因素的影响。为了消除这种影响，我们使用过去 7 天的数据，并将数据整理成以

7 天的各个时间段作为列的形式。在整理完成的表格中，每个单元格表示了在周几的几点某个用户是否发生了某种行为（On / Off）。

● **以7天内的各个时间段作为列的数据**

No.	用户 ID	周一 0 点	周一 1 点	…	周日 22 点	周日 23 点
1	71	Off	Off	…	Off	Off
2	78	Off	Off	…	Off	Off
3	94	Off	Off	…	Off	Off
4	99	Off	Off	…	Off	Off
5	131	Off	Off	…	Off	Off
…	…	…	…	…	…	…

生成包含自变量和因变量的数据

现在我们已经获得了 7 天的以时间段作为列的数据，但是在这份数据中只有自变量，那么因变量在哪呢？

在本例中，因变量和自变量的含义一样，指的是某天的某个时间段用户是否来访。但是，因变量的“某天”指的是自变量的 7 天之后的下一天（下个周一的 1 点至 23 点）。下面我们将这两部分数据合并起来。

● **新增了因变量的数据**

		← 自变量			→	← 因变量		→
No.	用户 ID	周一 0 点	周一 1 点	…	周日 23 点	周一 1 点	…	周一 23 点
1	12	Off	Off	…	Off	Off		Off
2	66	Off	Off	…	Off	Off		Off
3	72	Off	Off	…	Off	Off		Off
4	78	Off	Off	…	Off	Off		Off
5	97	Off	Off	…	Off	Off		Off
…	…	…	…	…	…	…	…	…

经过上述处理，这些数据就可以用于数据分析了。

10.4 构建预测模型

（逻辑回归、k近邻法、朴素贝叶斯分类器、SVM、随机森林）

生成预测模型的步骤

那么我们该如何得到预测模型呢？首先，不是所有的数据都可以用来构建预测模型的。特别是数据分析的初中级人员，如果按照书上或网上所说的生成预测模型的步骤来操作，经常会发现书上或网上的步骤并不适用于实际的数据。

■“规则性”和“一致性”的验证

用来生成预测模型的工具有很多，根据它们的后台逻辑来看，这些工具各有优劣。但无论使用哪种工具，要想得到预测模型，就必须满足下面两个条件。

- **数据要有某种程度的规则性**
- **数据要有某种程度的一致性**

满足了上述条件，就很有可能顺利得到预测模型。具体来说，“规则性”是针对数据行列的列来说的，而“一致性”是针对数据行列的行来说的。在本章的案例中，每一列表示的是用户的访问时间，所以我们需要验证用户的访问是否具有大致的周期性。而数据的每一行表示的是每一位用户，所以我们需要验证用户之间是否具有大体相似的访问行为。

也就是说，我们在生成预测模型的时候，首先需要做的就是验证所使用的数据是否具备“规则性”和“一致性”。

就拿本章的案例来说，如果在验证数据规则性的时候发现并不存在周期性，那就意味着用户的使用时间段完全是随机的，有时是早上来访，有时是中午来访。或者，如果发现数据不存在一致性，那就是说各个用户的来访时间也是随机的，有的用户只在早上来访，有的用户则是经常来访。当数据存在上述情况时，预测模型是很难构建的。当我们验证了数据，并确认数据没有“规则性”和“一致性”时，要么就此放弃生成预测模型，要么对数据进行归纳，使得数据具备“规则性”和“一致性”。例如我们可以将数据以天为单位归纳起来，或者只抽取出满足某些条件的用户（例如深夜必然来访的用户），使数据具备“规则性”或“一致性”，这些都属于“数据的归纳”。

■去除噪声数据

在使用统计工具的时候，无论哪种工具都会受到来自噪声数据的影响。即使某些工具受噪声数据的影响较小，通常也要先去除噪声数据再生成模型，这样得到的模型才比较好。在商业领域的模型生成中，如何定义噪声数据是一个难点。我们所需的预测模型不仅要推理严谨，还需要具有实际的应用价值。因此在完成数据分析之后，我们需要和游戏的策划人员确认，是否可以将高于某个阈值或者低于某个阈值的数据定义为噪声数据，另外还需要确认对这个阈值附近的数据进行四舍五入是否合适。

■选择所使用的工具

生成预测模型的工具有很多，到目前为止还没有哪个工具能将之前所有的工具汇集在一起。也就是说，对某种数据而言，有的工具可以很好地得到预测模型，而有的工具却不能，因此我们需要考虑数据和工具是否相配。如果已经积累了足够的数据分析经验，在验证基础数据时，就可以在一定程度上判断出哪种工具最适合该数据。但如果有时间的话，最好还是尽可能地使用多种工具进行验证，并选择精度最高的工具。

验证数据的“规则性”和“一致性”

下面我们首先来验证数据的“规则性”和“一致性”。对于用户的“一致性”，我们可以通过第 8 章介绍的聚类分析的方式来验证。如果数据不具备“规则性”或“一致性”，那么聚类就不可能得出结果。下图给出了对行为 A 一周的数据进行规则化和主成分分析后进行 k-means 聚类的结果。

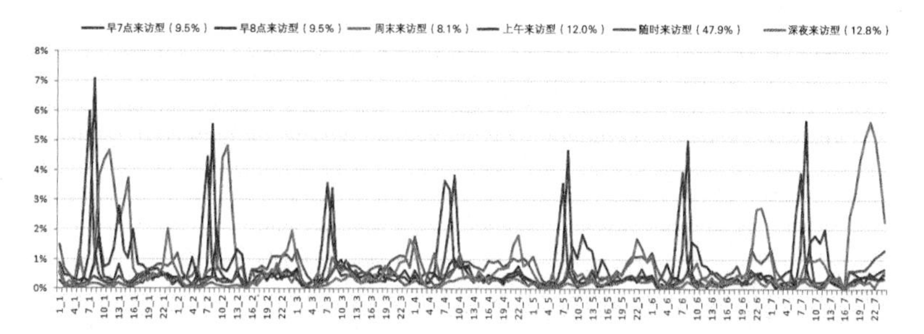

图中的横轴表示“1 周的时间轴”，纵轴表示“在这 1 周中某个类的用户的来访比率”。通过上图可以得知，在所有的用户当中，在周末休息日密集来访的“周末来访型”用户占总体的 8.1%，而“早 7 点来访型”和“早 8 点来访型”的用户应该是那些在上班和上学途中来访的用户，这两类用户一共占总体的 19.2%。“上午来访型”用户占总体的 12%，而经常在 23 点或 24 点来访的“深夜来访型”用户占总体的 12.8%。那些无论何时都可能来访的“随时来访型”用户占到了 47.9%。

可以看出在将聚类的类的个数设为 6 个时，能够较好地将不同类型的用户区分开。虽然关于各个用户的行为 A 的数据非常散乱，但是如果放在 1 周的时间长度里，用户的行为就可以被分别分到 6 个类中，而每个类的用户都有各自的行为模式。由此我们验证了数据具备“规则性”和“一致性”，下面我们来讨论如何从行为数据生成预测模型。

消除噪声

在进行多变量分析或机器学习时，如果分析对象数据中混入了噪声数据，那么生成的模型很可能精度很差，因此我们需要先进行噪声数据的处理。

首先，在和公司策划负责人进行讨论之前，我们需要大致选定噪声数据的阈值。根据数据的“规则性”和“一致性”，我们先假定“第 2 天用户会在和之前相同的时间来访”。然后我们将某一天的数据作为正解数据，用户“来访”和“未来访”作为类别变量，根据用户过去的行为日志，来推测用户第 2 天是否会来访。

在本例中，在生成模型时存在噪声数据。这些噪声数据就是在单位时间内来访只有 1、2 次的日志数据。如果根据这些数据就认定用户“来访过”的话，那就可能将用户的一些误操作当作是来访，从而很难得到准确的模型。因此，当单位时间内来访次数较少的时候，我们需要选定一个噪声数据的阈值，判断具体要达到哪个数值才可认定为“来访过”。

另外，使用过去多长时间的行为数据才能预测用户第 2 天的行为也需要仔细斟酌。比如，用户之前一直是在 20 点来访，而昨天 20 点由于某种原因用户未能来访。要想包含这种情况，就需要累积至少过去 2 天的行为数据。也就是说，我们需要仔细斟酌使用过去多长时间的历史数据才是比较合适的。

要想算出最合适的时长，需要“单位时间内行为次数的阈值”和“行为次数的累积期间”这 2 个变量。我们将“行为次数的阈值”定在 1 ~ 1000，而“行为次数的累积期间”定在过去 1~30 天，然后通过枚举的方式找出最能说明情况的数值。

能将事物分到各个类别下的模型称为分类模型。分类模型的判别性能是通过 Precision（准确率）和 Recall（召回率）这 2 个指标来进行评价的。Precision 反映的是预测准确的数量，预测准确的次数越多，这个数值就越大。而 Recall 反映的是预测准确的概率，如果预测百分之百地准确，那这个数值就会很高。通常我们会根据不同情况下对这 2 个指标的不同重视程度来生成分类模型。在本例中，这 2 个指标都很重要，所以我们需要一个同时包含这 2 个指标的高次元指标。其中 F1 值就是这样一个用于整体评价的指标，它将 Precision 和 Recall 等价来看待。F1

值由下式计算得到。

$$\text{F1 值} = \frac{2}{\dfrac{1}{\text{Recall}} + \dfrac{1}{\text{Precision}}}$$

这样我们就可以通过 F1 值来讨论噪声的阈值条件了。

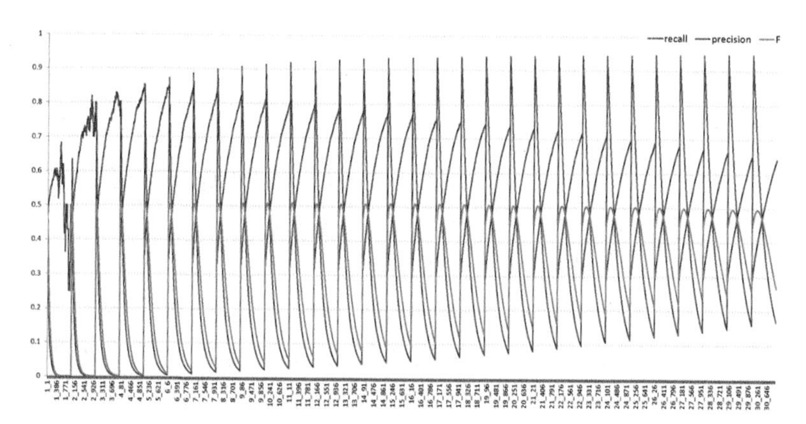

上图的横轴表示“行为次数的累积期间”，我们将“行为次数的阈值”设定在 1~1000，然后使用过去 1 ~ 30 天的累积 PV 数（Page View，用户访问 Web 服务器的次数）生成分类模型并得到分类结果。纵轴分别表示 Precision、Recall 和 F1 值。从图中可以看出，如果提高阈值，就会导致 Precision 下降而 Recall 上升。如果延长累积期间，Precision 的值会逐渐减小。正如之前所说的，这二者是一种此消彼长的关系。

虽然我们得到了上图的结果，但是因为从图中没能看出 F1 值的明显峰值，所以我们将各种条件下生成的分类模型的 F1 值由大到小排序，排名前 10 的 F1 值如下表所示。

累积天数	PV 数阈值	Precision	Recall	F1 值
3	7	0.404	0.72	0.5176
3	6	0.403	0.715	0.5155
3	8	0.406	0.705	0.5153
3	5	0.401	0.72	0.5151

（续）

累积天数	PV 数阈值	Precision	Recall	F1 值
3	9	0.407	0.7	0.5147
3	10	0.409	0.694	0.5147
3	11	0.411	0.688	0.5146
3	4	0.398	0.726	0.5141
3	13	0.415	0.677	0.5146
3	12	0.413	0.682	0.5145

根据上表可以得知，在“刚过去的 3 天中相应时间的累计行为次数小于 7 次时，用户在第 2 天的相同时间不会来访，当大于等于 7 次时，则会来访”这一分类模型中，F1 值很高。

我们将上述计算得出的条件传达给了游戏的策划人员和运营人员。经过他们的调查，我们得知在游戏中，虽然根据起始页面的不同有所不同，但在用户达到能够获得奖励的登录奖励页面之前，PV 数为 5~6 次。而对于使用最近 3 天作为阈值，他们指出这种做法的理由不充分。

因此我们进行了进一步的调查，发现数据中有一两天在相同时间段的访问为 0 的情况较多。也就是说，这一两天该用户处于休息的状态，而该用户小于等于 6 次的 PV 数实际上来自于该用户在某一天的偶然来访。因此我们在处理行为日志时，将单位时间内 PV 不到 7 次的数据视为是噪声数据，并将此数据的值置为 0。

选定所用的学习算法

在本例中，我们还有几天的时间来准备新的策划方案，因此我们选取了 5 种有代表性的机器学习算法来对类别变量进行预测。这 5 种算法分别是：“逻辑回归”“k 近邻法”“朴素贝叶斯分类器”“SVM”和“随机森林”。下面我们就来判断在“根据过去 7 天的行为日志来推断第 2 天的用户来访时间”这一案例中哪种算法的效果最好。

我们对 3 ~ 9 天前的行为日志进行了去噪声数据的处理，并使用上述各种机器学习算法生成预测模型，预测 2 天前用户什么时候来访。将该预测模型用于经过噪声处理的 2 ~ 8 天前的一周的行为日志，推断用户昨天什么时候来访，并计算同实际的数据的一致率。这其中的数据加工方法和 10.3 节以及 10.4 节中介绍的方法一样。

为了使机器学习算法能够获得较好的性能，我们需要将预测模型的各种结果所对应的数据调整到大致一样的数量。在本例中，也就是将数据中“来访”的人数和“未来访”的人数调整到大致相同。对于 2 天前的各个时间段，我们将 7PV 设置为阈值，并对数据进行抽样，使数据中“来访”和“未来访”的人数保持一致。然后根据抽样数据的大小，将抽样后的数据分为训练数据和测试数据两部分。接着使用某个用户群的训练数据生成预测模型，预测用户在 2 天前来访的各个时间，并将这个预测模型用于剩余的用户群的测试数据，验证该模型的精度。另外，我们还可以使用其他期间的数据来验证该模型的预测精度。

	训练数据的一致率	测试数据的一致率	验证数据的一致率	训练数据的标准差	测试数据的标准差	验证数据的标准差
逻辑回归	0.682	0.701	0.703	0.026	0.031	0.031
k 近邻法（k=3）	0.839	0.789	0.799	0.030	0.034	0.031
k 近邻法（k=30）	0.791	0.802	0.810	0.021	0.035	0.032
朴素贝叶斯分类器	0.761	0.801	0.806	0.021	0.041	0.040
SVM（线性核）	0.736	0.815	0.817	0.034	0.056	0.054
SVM（多项式核）	0.629	0.908	0.908	0.021	0.025	0.025
SVM（高斯核）	0.735	0.836	0.838	0.024	0.036	0.035
SVM（Sigmoid 核）	0.605	0.842	0.843	0.063	0.142	0.143
随机森林	0.921	0.911	0.914	0.017	0.026	0.025

上表中明确给出了各个学习算法的精度。可以看出，对于本例中的数据，使用各种核函数的 SVM 和随机森林算法的预测精度最高。

10.5 解决对策

追加队伍推荐的功能

本例的数据分析属于第 2 章中所说的“自动化·最优化”这一类。通过比较各种机器学习算法的预测精度，我们决定使用随机森林算法来生成预测模型，并对每个用户在第 2 天的某个时间段来访的概率做出预测。

通过和别的部门商讨，最终基于预测数据在游戏中添加了为用户推荐队伍的功能，当某个用户在搜索可以加入的队伍时，我们对第 2 天该用户可能到来的时间段进行预测，并向其推荐相同时间段有较多人同时在线的队伍。

10.6 小结

在本章中，我们使用机器学习的方法进行了数据分析。本章的案例和第 9 章一样，是一种数据探索型的数据分析，因此需要在数据处理和数据加工上花费较多的精力。另外，本例还充分考虑了“自动化·最优化”的特性。在顺利得到预测模型后，为了使结果能够切实地改善我们的服务，还需要和游戏的策划人员进行深入的商讨或者头脑风暴。在互联网行业当中，这也会牵涉到游戏的开发人员，因此还需要和他们进行讨论。

总之，在第 9 章和第 10 章中介绍的内容属于数据挖掘的范畴，而这正是数据分析人员能够发挥自身价值的地方。然而，数据处理方面的内容对外行人而言很难理解，所以需要数据分析人员和服务的策划人员能给出详细的说明，或者在必要时与其他人员开展头脑风暴。

分析流程	第 10 章中数据分析的成本
现状和预期	低
发现问题	低
数据的收集和加工	高
数据分析	高
解决对策	高

10.7 详细的R代码

第 10 章全部内容的 R 代码非常复杂且代码量较大，由于篇幅的关系，我们就不给出全部的代码了。这里将输出的结果省略，只保留到 10.3 节为止的数据加工的部分，以及在选定机器学习算法时使用的随机森林算法的部分。下面我们来介绍这部分的 R 代码。

```
# 生成用于读入中间数据的函数
library(plyr)
library(foreach)

readActionHourly <- function(app.name, date.from, date.to) {
    date.from <- as.Date(date.from)
    date.to <- as.Date(date.to)
    ldply(foreach(day = seq.Date(date.from, date.to, by = "day"),
    combine = rbind) %do%
    {
        f <- sprintf("sample-data/section10/action_hourly/%s/%s/action_
        hourly.tsv", app.name, day)
        read.csv(f, header = T, stringsAsFactors = F, sep = "\t")
    })
}

# 用生成的函数读入数据
action.hourly <- readActionHourly("game-01", "2013-08-01", "2013-08-08")
head(action.hourly)

# 将数据整理成以时间段为列的形式
library(reshape2)
dates <- unique(action.hourly$log_date)
train.list <- lapply(1:(length(dates) - 1), function(i) {
    day <- dates[i]
```

```
    x <- action.hourly[action.hourly$log_date == day, ]
    df <- dcast(x, user_id ~ log_hour, value.var = "count",
    function(x) {ifelse(sum(x) >= 7, 1, 0)}
        )
    names(df) <- c("user_id", paste0("p", i, "_", 0:23))
    df})
head(train.list[[1]])

# 生成用于说明的数据
train.data <- train.list[[1]]
for (i in 2:length(train.list)) {
    df <- train.list[[i]]
    train.data <- merge(train.data, df, by = "user_id", all.x = T)
    train.data[is.na(train.data)] <- 0
}
names(train.data)

# 生成用于作答的数据
ans0 <- action.hourly[action.hourly$log_date == dates[length(dates)], ]

# 将数据整理成以时间段为列的形式
ans <- dcast(ans0, user_id ~ log_hour, value.var = "count",
function(x) {
     ifelse(sum(x) >= 7, 1, 0)
})
names(ans) <- c("user_id", paste0("a_", 0:23))
head(ans)

# 与用于说明的数据合并
train.data <- merge(train.data, ans, by = "user_id", all.x = T)
train.data[is.na(train.data)] <- 0
names(train.data)
head(train.data)

# 按每个时间段构建模型（随机森林）
library(randomForest)
library(caret)

# 自定义学习算法
fit.control <- trainControl(method = "LGOCV", p = 0.75, number = 30)

# 随机森林算法的学习过程
rf.fit.list <- lapply(0:23, function(h) {
    df <- train.data[, c(paste0("p", 1:7, "_", h), paste0("a_", h))]
    df1 <- df[df[, ncol(df)] == 1, ]
    df0.orig <- df[df[, ncol(df)] == 0, ]
```

```
    df0 <- df0.orig[sample(1:nrow(df0.orig), nrow(df1)), ]
    df <- rbind(df1, df0)
    fit <- train(x=df[, -ncol(df)], y=df[, ncol(df)],
         method = "rf", preProcess = c("center", "scale"),
         trControl = fit.control)
    fit
})

# 显示根据生成的模型得到的预测值和实际值的比较结果
for (i in 0:23) {
    result.rf <- predict(rf.fit.list[[(i + 1)]]$finalModel, train.data)
    result.rf.pred <- ifelse(result.rf >= 0.5, 1, 0)

    print(confusionMatrix(result.rf.pred, train.data[, paste0("a_",
    i)]))
}
```

■关于随机森林算法

随机森林算法是集成学习方法的一种，可用于实现分类和回归。

例如，根据过去的访问日志和第 2 天用户是否来访的数据集，可以学习得到分类模型，再利用这个分类模型，可以预测用户明天是否会来访。当我们预测的对象为是否来访这种 0/1 离散值的情况时，这就是一个分类问题。

但是如果我们需要根据过去的访问日志和第 2 天用户来访了几次的数据集去预测明天用户会来访多少次，因为预测的对象是像来访几次这种连续值的情况，所以就是一个回归问题。

集成学习通常是将多个精度不高的模型综合起来，每个模型都会有输出结果，而最终的结果采取少数服从多数的原则，从而得到精度更高的模型。如果是分类问题，那么就是少数服从多数。如果是回归问题，则是求所有模型输出的平均值。

使用随机森林算法，先随机地对数据进行抽样，然后根据抽样数据建立决策树，多次重复以上步骤即可得到多棵决策树，再将这些决策树统合起来最终得到一个高精度模型。这也是“随机森林”这一名称的由来。具体的模型生成步骤如下所示。

① 从数据集中抽样得到 N 组抽样数据
② 从数据集中抽样得到 M 个变量
③ 生成决策树
④ 重复之前的① ~ ③
⑤ 将需要预测的数据提供给 4 中得到的所有决策树
⑥ 根据⑤的结果，将多数模型输出的那个或者平均值作为预测结果

■对R语言的随机森林算法及其输出的解释

通过 trainControl 函数，我们可以自定义机器学习的过程。其中参数 method 用来指定学习的算法，参数 p 用来指定用于学习的数据占数据总体的比例，number 用来指定需要反复执行的次数。那么之前所介绍的 R 代码的意思就是"使用整体数据的 75% 来进行学习，剩下的 25% 用来做模型验证，使用 LGOCV 的方法反复进行 30 次学习"。

而在实际的学习执行过程中，我们使用的是 train 函数。在之前的 R 代码中，我们将 method 设为"rf"，表示使用的是随机森林算法，并使用 preProcess 参数对数据进行标准化，最后通过参数 trControl 将之前设定的 fit.control 内容传入函数。

使用上面生成的模型进行预测，并将预测值和实际值进行比较。这里我们使用 confusionMatrix 函数对各个时间段的结果进行评价。

之前的 R 代码中随机森林算法的输出结果如下所示。

```
## Confusion Matrix and Statistics
##
##           Reference
## Prediction   0   1
##          0 378  21
##          1  90  46
##
##                Accuracy : 0.793
##                  95% CI : (0.756, 0.826)
##     No Information Rate : 0.875
##     P-Value [Acc > NIR] : 1
##
                         （略）
```

通过执行 `confusionMatrix` 函数，首先可以得到如下所示的实际值和预测值的交叉统计列表。

	0（实际值）	1（实际值）
0（预测值）	378	21
1（预测值）	90	46

在本例中，在由随机森林算法生成的模型中，预测值为 1（来访）的用户位于“1（预测值）”这一行，而实际来访的用户位于“1（实际值）”这一列。

也就是说，预测值和实际值都为“1”的用户有 46 名，这意味着我们预测这些用户会来访且实际上他们确实也都来访了。而预测值和实际值都为“0”的用户有 378 名，这意味着我们预测这些用户不会来访且实际上他们确实没有来。接着我们来看看模型的准确率 `Accuracy`。在上面的交叉统计列表中，可以通过（预测准确的次数 / 总数）计算得出。本例中的准确率为：

$$(378 + 46) / (378 + 21 + 90 + 46) = 0.793$$

版权声明

站在巨人的肩上

Standing on Shoulders of Giants

TURING

图灵教育

iTuring.cn

站在巨人的肩上

Standing on Shoulders of Giants

TURING

图灵教育

iTuring.cn